Das große Buch vom Motorrad

Technik – Typen – Fahren – Wartung

Alan Seeley

Einbandgestaltung: Dos Luis Santos unter
Verwendung von Abbildungen aus dem Inhalt.

ISBN 3-613-02360-1

Spezialausgabe: 1. Auflage 2003
Copyright © by Motorbuch Verlag,
Postfach 103743, 70032 Stuttgart.
Ein Unternehmen der Paul Pietsch-Verlage GmbH+Co.

Druck und Bindung:
Graspo, CZ-76302 Zlin

Printed in Czech Republic

Das große Buch vom
Motorrad

Technik – Typen – Fahren – Wartung

Alles, was man über den Kauf
eines Motorrads wissen muss,
alles über Wartung und Pflege.

Welches Motorrad?

Fahrschule

Kleidung

Versicherung

Diebstahlschutz

Gepäck

Reifen

Räder

Bremsen

Federung

Rahmen

Motoren

Tuning

Auspuff

Zubehör

Elektrik

TÜV

Unterbringung

Wartung

Tipps und Tricks

Alan Seeley

1

Welches Motorrad?

2

So geht's endlich **los**

3

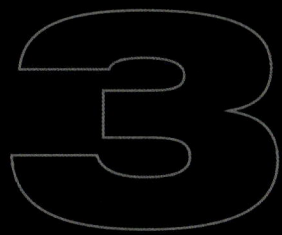

Das **Motorrad** kennenlernen

4

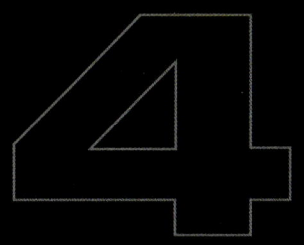

Wartung und **Pflege**

Welches
Motorrad?

Sportbikes stellen die Krönung der Motorrad-Entwicklung dar. Rennsport, sagt man, fördert die Konkurrenz unter den Herstellern, und den Einfluss der Wettbewerbsentwicklung kann man so vor allem an vielen Supersport-Motorräder ablesen.

Supersportler

Das Streben der Hersteller nach immer mehr Leistung aus immer leichteren und kompakteren Motoren ermöglicht auch ganz normalen Fahrern den Umgang mit einem Leistungspotenzial, das ihn noch vor wenigen Jahren auf der Rennstrecke zu einem heißen Anwärter auf einen Podiumsplatz gemacht hätte. Und das alles zu Preisen, die durchaus noch erschwinglich sind.

Zwei Hubraum- und Leistungskategorien beherrschen den Supersport-Sektor – die 600er und die 1000er-Klasse. Mit über 110 PS und Spitzengeschwindigkeiten im 250-km/h-Bereich ist man auch mit einer 600er ordentlich unterwegs machen. Fans dieser Klasse argumentieren damit, dass mehr Leistung auf der Straße eigentlich kein Mensch

Honda CBR 900 RR: Reihen-Vierzylinder, 954 cm³, 130 PS, 168 kg

Aprilia RSV R: 60°-Zweizylinder-V, 999 cm³, 113 PS, 165 kg

Suzuki GSX-R 1000: Reihen-Vierzylinder, 988 cm³, 161 PS, 170 kg

braucht und verweisen – zu Recht – auf das geschmeidige Handling dieser Leichtgewichte.

Einige 600er sind kompromissloser als andere und deshalb die ideale Wahl für Fahrer, die die Leistungsgrenzen ihrer Bikes sowohl auf Rennpisten als auch auf der Straße erkunden möchten. Von den aktuell erhältlichen 600er-Supersportlern sind die Yamaha R6 und die Suzukis GSX-R 600 die Maschinen, mit denen sich auf der Rennpiste die besten Rundenzeiten erzielen lassen. Aber ihr extremes Handling und die rennmäßige Sitzpositionen können für Fahrer, die nicht immer auf der letzten Rille unterwegs sein wollen und ein Mindestmaß an Fahrkomfort schätzen, zu viel sein. Sie werden zur Kawasaki ZX-6R (inzwischen – seit 2002 – mit 636 Kubik unterwegs) greifen, oder das Motorrad wählen, das die 600er-Klasse erst begründete und sie über ein Jahrzehnt lang dominierte: Hondas CBR 600, die inzwischen in der noch sportlicheren RR-Form erhältlich ist. Ein Außenseiter in dieser Klasse ist die Triumph Daytona 600, keine schlechte Wahl, fährt in der Klasse allerdings etwas hinterher.

Wer sich dem Vierzyliner-Einheitsbrei in der 600er-Klasse nicht anschließen will, dem bieten sich Alternativen – etwa in Gestalt von der Ducati 749 und derem bärigem V2. Die Leistung liegt nicht weit unter der der japanischen Dutzendware, Handling und Ausstrahlung sind immer noch ein Klasse für sich.

Die Einliter-Klasse wird von vielen Herstellern und Fahrern gleichermaßen als die Königsklasse des sportlichen Motorradfahrens angesehen. Der Maßstab wird von der Honda Fireblade gesetzt. Die Blade beherrscht die Klasse während der gesamten 90er Jahre, bevor sie von Yamahas R1, die im Jahre 1998 vorgestellt wurde, übertroffen wird. Die aktuelle Meute an 1000er-Superbikes bietet eine Kombination aus großvolumigen, leistungsstarken und kompakten Motoren in leichten, aber hoch stabilen Fahrwerken. 2001 bringt Suzuki die GSX-R 1000 auf dem Markt, ein Kraftpaket, das die Motorradentwickler der anderen Hersteller hastig an ihre Zeichenbretter bringt. Inzwischen mischen auch die Kawasakis ZX-10 R und Triumphs 955i munter mit. Falls Sie es lieber exotisch haben, sollten Sie auf Ducati 999, Aprilia RSV Mille oder Honda SP-2 setzen.

Falls Sie große Hubräume mögen, dann müssen Sie Suzukis Hayabusa in Betracht ziehen, eine mächtige 1300er, die an der 300-km/h-Marke kratzt, dabei aber überraschend alltagstauglich und zahm zu Werke geht. Sogar Touren sind möglich, weshalb sie heute nicht mehr unbedingt als echter Supersportler gilt. Oder die Kawasaki ZX-12R. Beide Motorräder wurden gebaut, um der Honda Blackbird die Krone für die schnellste Straßenmaschine abzujagen.

Suzukis GSX-R 1000 führte die Liste der Superbikes an, als sie 2001 auf den Markt kam. Aber wer weiß, was Honda, Yamaha und Kawasaki im Schilde führen? Sportbikes befinden sich in ständiger Entwicklung.

Es mag wie ein Widerspruch klingen, aber die heutigen Sporttourer sind tatsächlich akzeptable Allround-Maschinen. Sie sind erste Wahl für den Fahrer, der einerseits genug Komfort für ernsthaftes Kilometer-fressen verlangt, andererseits aber auch gerne durch Kurven wedelt.

Sporttourer

Kawasaki ZZ-R 1200: Reihen-Vierzylinder, 16 Ventile, 1164 cm³, 160 PS, 236 kg

Honda VFR 800 Fi: V4, 16 Ventile, 781 cm³, 104,6 PS, 210 kg

Ducati ST 4 S: V2, 8 Ventile, 996 cm³, 117 PS, 212 kg

Sporttourer sind in den vergangenen Jahren eine Klasse für sich geworden. Vor nicht allzu langer Zeit nutzten die Hersteller die Gelegenheit, Modellen, die von ihren jüngeren, noch leistungsfähigeren Nachfolgern abgelöst worden waren, das Etikett "Sporttourer" anzuhängen, indem sie ihre scharfen Kanten abrundeten und sie als schnelle, aber alltagstaugliche und relativ bequeme Allrounder neu verpackten.

Die Honda VFR ist das Motorrad, das die Sporttourer-Klasse definiert hat: Ein V-Vier, der zunächst mit 750, später mit 800 Kubik und variablem Ventilsystem VTEC kommt. Damit ist der legendäre Motor noch besser geworden. Außerdem kann man die VFR mit ABS bekommen.

Wo Honda das Feld bereitete, fahren andere die Ernte ein, zumindest in einigen Leistungsbereichen. Ein gutes Beispiel ist Triumph Sprint ST mit dem 955-Kubik-Motor der T595 Daytona, oder auch die Sportboxer von BMW, die allesamt über das von Sporttourer-Piloten so heiß geliebte Drehmoment im mittleren Drehzahlregister verfügen. Kawasaki setzt im Jahre 2002 in dieser Klasse mit seiner ZZ-R 1200 eine neue Marke. Mit einerm Motor, der auf dem Motor der legendären ZZ-R 1100 basiert, stemmt das neue Motorrad 160 PS an der Kurbelwelle und macht es damit zu einem der leistungsstärksten Bigbikes in dieser Kategorie. Die ZZ-R rühmt sich auch, komfortabler als einige der voll ausgestatteten Tourer zu sein.

Per Definition ist jeder Sporttourer ein gewisser Kompromiss – es gibt bessere Sportbikes, und es gibt bessere Tourer. Aber kein Sporttourer verwischt den Unterschied ziwschen "Sport" und "Tourer" besser als Ducatis ST 4S. Das italienische Unternehmen hat den Zweizylinder-V-Motor der mächtigen 996 genommen, etwas von der Spitzenleistung zu Gunsten des mittleren Drehzahlbereichs zurückgenommen und damit ein Motorrad geschaffen, das den sportlichsten Sporttourer zufriedenstellt. Mit ihren Upside-down-Gabeln von Showa und den Gitterrohrrahmen Marke Ducati ist die ST 4 im Grunde genommen ein Sportbike mit einem komfortablen Doppelsitz und einem akzeptablen Tankvolumen.

Falls Sie sowieso Twins mögen, könnten Sie sich auch Aprilias Falco und Futura, jeweils mit Zweizylinder-V-Motoren, oder die BMW R 1100 S mit Boxermotor und Kardanantrieb anschauen.

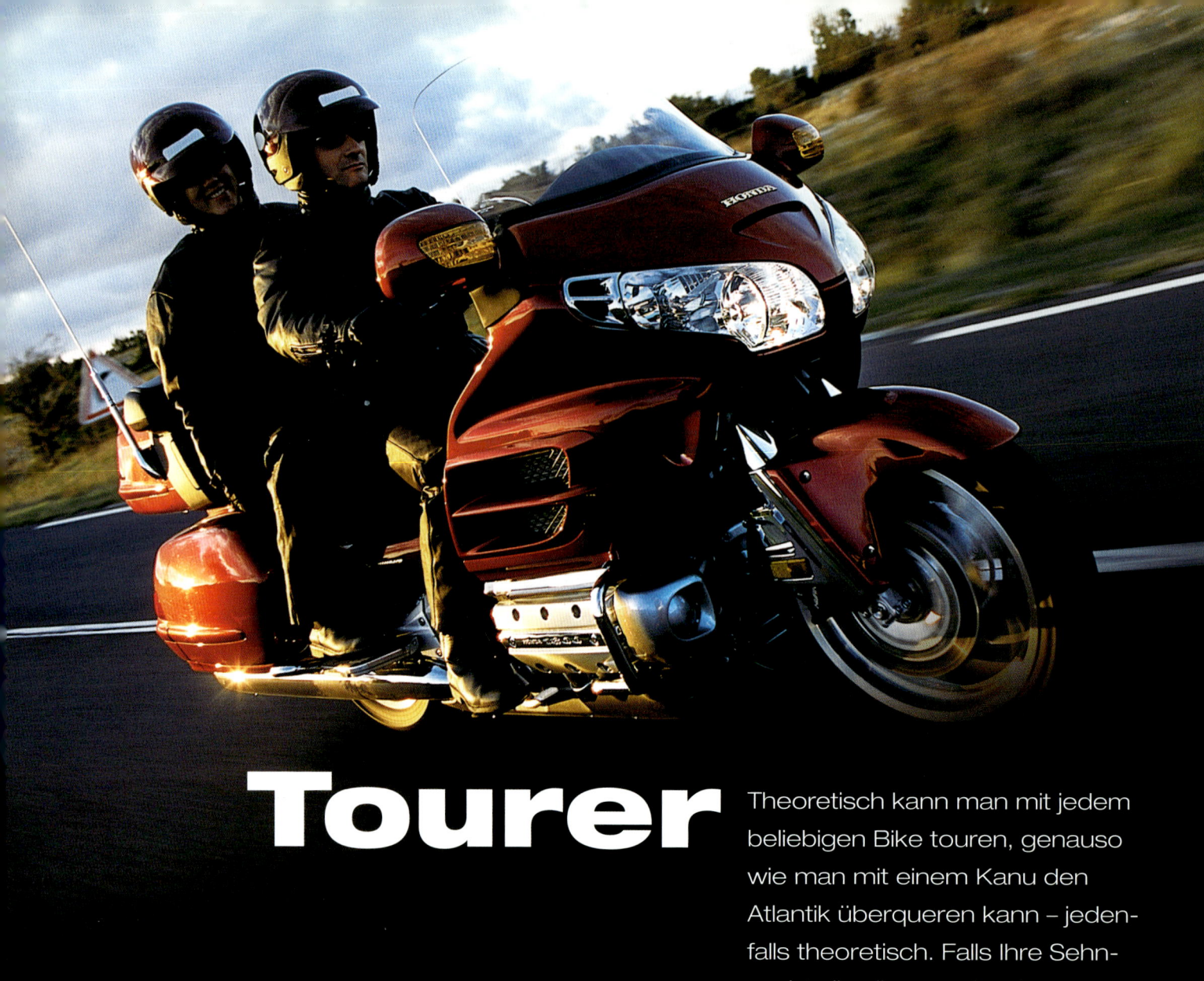

Tourer

Theoretisch kann man mit jedem beliebigen Bike touren, genauso wie man mit einem Kanu den Atlantik überqueren kann – jedenfalls theoretisch. Falls Ihre Sehnsucht allerdings mehr einem Kreuzfahrtschiff als einem undichten Faltboot gilt, dann werden Sie sich einen echten Tourer für Ihre Exkursionen wünschen.

BMW K 1200 LT: Reihen-Vierzylinder, 16 Ventile, 1171 cm³, 98 PS, 378 kg

Hondas Goldwing stellt den Inbegriff des großen Tourers dar. In ihrer aktuellen Ausführung rühmt sich die Wing eines gewaltigen 1832-cm³-Sechszylinder-Boxermotors mit Kraftstoffeinspritzung, der 167 Nm Drehmoment bei bescheidenen 4000 U/min liefert – mehr als genug zum Antrieb ihrer 363 Kilo. Ein massiver 25-Liter-Kraftstofftank gestattet seiner Besatzung, ein kleines Land ohne Tankstopp zu durchqueren. Aktivieren Sie den Tempomaten, lehnen sich zurück und genießen die Reise. Ein zusätzlich erhältlicher Sechsfach-CD-Wechsler sorgt für Unterhaltung auf langweiligeren Strecken, oder man kann sich mit seinem Sozius über die Wechselsprechanlage unterhalten. Stört Sie der Fahrtwind? Dann stellen Sie die Windschutzscheibe entsprechend ein.

Es gibt eine Menge Platz in den verschließbaren Packtaschen – fast 150 Liter –, um Reisemitbringsel und alles andere verstauen zu können.

Die Masse der Wing macht es schwierig, so durch den Verkehr zu kurven, wie man es mit anderen Motorrädern kann, aber sie ist andererseits erstaunlich handlich für dieses Format. Es gibt sogar einen Rückwärtsgang, falls man ihn braucht.

Wenn man die heutige Wing betrachtet, kann man kaum glauben, dass sie ursprünglich als ein Sportbike konzipiert war. Aber das war in den frühen siebziger Jahren, als großvolumige Motorräder automatisch als sportlich galten, da hohe Literleistungen nur über große Hubräume zu erreichen waren. Honda merkte bald, dass das nicht die richtige Richtung war.

Nun hat nicht jeder das Geld oder das Format für eine Wing. Daher gibt es auch eine Menge kleinerer Tourer, wiewohl "klein" in dem Zusammenhang etwas interpretationsbedürftig ist: Die BMW K 1200 LT und selbst die Honda Deauville sind mit 650 Kubik und rund 240 kg keine kleinen Motorräder.

Ein Blick unter die Haut von Hondas mächtiger GL 1800 Gold Wing. Alles ist groß. Luxuriöses Sitze (unten links), beachten Sie die Lautsprecher und Anschlüsse für die Wechselsprechanlage. "Pappi, was passiert, wenn ich diesen Knopf drücke?" (in der Mitte). Sollte eigentlich das gesamte Gepäck aufnehmen können (rechts unten).

Naked Bikes besetzen wegen des
Preises und der Leistung die Mittel-
klasse des Motorradfahrens – und
nicht zu vergessen, wegen der Kosten.

Mittelklasse-
Motorräder

Ducati Monster 750: luftgekühlter Zweizylinder-V-Motor, 4
Ventile, 748 cm², 66 PS, 183 kg

Suzuki GSF 600 Bandit: Reihen-Vierzylinder, 16 Ventile,
599 cm², 78,9 PS, 196 kg

Motorräder wie die Yamaha Fazer, die Honda Hornet und die Suzuki Bandit sind erste Wahl für Fahrer, die gerade ihren Führerschein bestanden haben. Motorräder in dieser Klasse stellen gute Allrounder dar – außerdem sind sie ein relativ preiswertes Vergnügen.

Auch wenn ihnen vielleicht die Bodenfreiheit von reinrassigen Sportmotorrädern fehlt und entsprechend extreme Schräglagen nicht möglich sind: Sie bieten dennoch genug Potenzial, um etwa bei einem Fahrertraining in beachtlicher Schräglage um die Kurven zu biegen. Bikes wie die 600er-Fazer und Hornet besitzen gezähmte Motoren aus Yamaha- und Honda-Sportbikes. Ihnen mag die Spitzenleistung der ursprünglichen Sportmaschinen fehlen, ihre Motoren haben aber genug Schmalz in unteren und mittleren Drehzahlbereichen, um überall im Straßenverkehr mitmischen zu können.

Am weniger spektakulären Ende des Leistungsspektrums findet man die Zweizylinder-Typen CBF 500 von Honda, die ER5 von Kawasaki und die GS 500 von Suzuki. Falls Sie etwas Besonderes mögen, schauen Sie sich die italienische Cagiva Raptor 650 oder die Suzuki SV650 an, beide setzen einen 645-cm³-Zweizylinder-V-Motor des japanischen Unternehmens ein – ein Bauprinzip, das neuerdings auch Hyosung bei seiner zum Dumpingpreis angebotenen 650er nutzt. Außerdem gibt es noch Ducatis 650- und 750-cm³-V2-Motoren mit Luftkühlung. Ebenfalls mit einem V2, allerdings rotiert hier die Kurbelwelle längs zur Fahrtrichtung, nicht quer, sind die 750er von Moto Guzzi: Ebenfalls eine feine Möglichkeit, sich von der Masse abzuheben. Bei dieser Aufzählung darf natürlich auch BMW nicht fehlen, der Hersteller nennt seine unverkleidete 850er beziehungsweise 1150er "Roadster". Preislich sind diese Boxer am oberen Ende des Spektrums angesiedelt, etwas günstiger sind die Einzylinder-Varianten des Herstellers, allen voran die F 650 CS Scarver mit Zahnriemen zum Hinterrad.

Honda Hornet 600:
Reihen-Vierzylinder, 16 Ventile, 599 cm³, 96 PS, 176 kg

Kawasaki ER-5: Prallel-Zweizylinder, 8 Ventile, 498 cm³, 50 PS, 174 kg

Suzuki SV 650: Flüssigkeitsgekühlter VZweizylinder, 8 Ventile, 645 cm³, 70 PS, 165 kg

Retros
& Naked Bikes

Eine der stilvollsten Kategorien von Motorrädern. Das Retrodesign ist eine Entdeckung von Kawasaki; Japans Nummer vier hat ihm Anfang der Neunziger mit den Zephyr-Modellen zum Durchbruch verholfen. Motorräder in diesem Outfit sehen schon im Laden mindestens dreißig Jahre alt aus. Leistungsexzesse verbieten sich bei diesem Konzept von selbst.

Kawasakis W 650 und Triumphs Bonneville beschwören treulich den Geist eines vergangenen Zeitalters. Diese Twins sind für Fahrer, die die Optik, aber nicht die damit verbundenen Probleme eines älteren Motorrads mögen, eine ideale Wahl, obwohl man ständig den Polierlappen für den Chrom bereithalten muss. Diese Bikes sind keine PS-Monster – die W 650 reklamiert etwas weniger als 50 PS für sich, während sich die 790-cm³-Triumph mit etwas mehr als 60 PS brüstet. Die tatsächlichen Messwerte am Hinterrad werden in der Nähe der 60er-Jahre-Motorräder sein, die sie nachahmen. Das gibt andererseits die Gewissheit, die archaisch wirkenden Stoßstangen-Motoren nicht zu überfordern. Und auch die Hinterradschwingen mit Stereofederbeinen wirken in einer Welt, in der das Zentralfederbein Standard ist, herrlich nostalgisch. Das Gleiche gilt für die Luft- statt der Flüssigkeitskühlung für die Motoren.

Am anderen Ende der Skala findet man großvolumige "Nackte" wie Yamahas XJR 1300, Hondas CB 1300 und Suzukis GSX 1400. Diese orientieren sich zwar nicht so streng am historischen Vorbild wie die W 650 oder die Bonneville, gehören aber dank ihrer 70er-Jahre-Optik zweifelsohne in diese Kategorie. Eine weitere Suzuki, die 1200er Bandit ist auf ihre Art Kult, mit einem Motor, der von der legendären, unverwüstlichen GSX-R1100 stammt. Viele Jahre lang war die Bandit 1200 ohne ernsthafte Konkurrenz.

Yamahas Fazer 1000 besitzt einen gedrosselten Motor vom R1-Sportbike – weniger Spitzenleistung aber kräftiger im mittleren Drehzahlbereich. Und sie schlägt ihre Wettbewerber außer in der Leistung auch im Handling.

Honda folgte der großen Fazer mit der Hornet 900. Ihr Fahrwerk ist weniger gut abgestimmt als das der Yamaha, dafür ist sie preiswerter und setzt den Motor einer früheren FireBlade ein.

Falls Sie lieber einen Zweizylinder-V-Motor in der großen "Naked"-Klasse mögen, sollten Sie auf Cagivas Raptors mit Suzuki-TL1000-Motoren schauen. Ducatis 900er-Monster sind genauso populär.

Retros, "Naked Bikes" – man kann sie nennen, wie man möchte – sind ein gewaltiger Spaß. Sie lassen Sie lächeln.

Suzuki GSX1400: Reihen-Vierzylinder, 16 Ventile, 1402 cm³, 104 PS, 228 kg

Yamaha FZS1000 Fazer: Reihen-Vierzylinder, 20 Ventile, 998 cm³, 143 PS, 208 kg

Kawasaki W650: paralleler Zweizylinder, 8 Ventile, 676 cm³, 49,6 PS, 195 kg

Kawasaki ZRX1200R: Reihen-Vierzylinder, 16 Ventile, 1164 cm³, 120 PS, 223 kg

Cruiser

Mehr für die Show als fürs Fahren ist die Cruiser erste Wahl. Die klassische Cruiser-Bauart ist ein 2-Zylinder-V-Motor, der in einem langen, niedrigen Rahmen gehängt ist, mit gewaltigem Radstand und niedrig angebrachten Fußrasten, was bedeutet, dass die Schräglage begrenzt ist. Diese Rasten kombiniert mit dem ebenfalls niedrigen Sitz und breitem Lenker führen zu einer gemütlichen Sitzposition – ideal für das Bummeln bei niedrigen Geschwindigkeiten.

Harley-Davidson VRSCA V-Rod: Zweizylinder-V-Motor, 8 Ventile, 1130 cm², 115 PS, 279 kg

Suzuki VL1500LC Intruder: Zweizylinder-V-Motor, 6 Ventile, 1462 cm³, 66 PS, 292 kg

Yamaha XVS250 Dragstar: Zweizylinder-V-Motor, 4 Ventile, 249 cm³, 21 PS, 147 kg

Kawasaki VN1500 Mean Streak: Zweizylinder-V-Motor, 8 Ventile, 1470 cm³, 72 PS, 304 kg

Man kann sie lieben oder hassen. Es gibt wahrscheinlich keine Klasse, die mehr extreme Verehrung oder extreme Verspottung provoziert als Cruiser. Lehnen Sie sich also zurück und genießen die Landschaft und das "Easy Riding" der auffälligsten Art des Motorradfahrens.

Harley-Davidsons stehen für den Cruiser-Stil schlechthin, und für viele Puristen ist alles andere eine schwache Kopie. Aber heutzutage bieten die meisten Hersteller Cruiser an, die auf den berühmten Harley-Linien basieren. Die meisten beinhalten Zweizylinder-V-Motoren, und so entworfen, dass sie ein optimales Drehmoment bei niedrigen Drehzahlen liefern. Es gibt sie in allen Größen von 125 Kubik bis zu großvolumigen Monstern wie die 1600-cm³-Wild Star von Yamaha. Trotz ihrers gewaltigen Hubraums bringt es die Wild Star nur auf 62 PS, während sie es auf 132 Nm Drehmoment bei 2250 U/min bringt. Erkennen Sie, was wir mit massivem Drehmoment und niedriger Leistung meinen?

Eine Ausnahme von der Zweizylinder-V-Motor-Cruiser-Regel bildet Hondas F6C, die einen 1520-cm³-Sechzylinder-Boxer-Motor ihr eigen nennt, der eigentlich in der Gold Wing zu Hause war. Moto Guzzi hat ebenfalls verschiedene Zweizylinder-V-Motor-Alternativen im Programm.

Die meisten Cruiser kommen mit einer Menge Chrom, was sogar die wildesten Polierer glücklich machen sollte. Sie bekommen sehr viel Metall für Ihr Geld, was Sie für einen Cruiser ausgeben, und die meisten von ihnen sind genauso schwer wie ihre Leistung schwerfällig ist.

Die wie eine Harley wirkenden Cruiser wurden beliebt, weil sie technisch häufig raffinierter als die Vibratoren aus Milwaukee waren, von denen sie ihr Aussehen schamloserweise stahlen. Flüssigkeitsgekühlte Motoren, obenliegende Nockenwellen und Kardanwellen waren Nettigkeiten, die man nicht bei den traditionellen Harleys fand, deren schärfere Kanten für die Verehrer eine große Rolle für ihr Aussehen spielen. Aber vielleicht haben die Dinge mit der Harley V-Rod eine Wendung genommen, ein Flüssigkeits-gekühlter Zweizylinder-V-Motor mit acht Ventilen und doppelter obenliegender Nockenwelle, die ihre 279 Kilo in 11,5 Sekunden aus dem Stand über die Viertelmeile bringt. Puristen werden wohlwollend hören, dass der lange Radstand, der niedrige Sitz, der breite Lenker und die vorderen Fußrasten immer noch an der richtigen Stelle sind. Aber wie soll man das Ding nennen? Einen Sport-Cruiser?

Enduros sind die Geländefahrzeuge der Motorradwelt – überall einsetzbare Maschinen, die völlig neue Perspektiven des Motorradfahrens eröffnen. Die meisten Enduros stellen ziemlich brauchbare Straßenmotorräder dar, mit Reifen, die eine Doppelrolle spielen, und die die Grobstoller der Frühzeit ersetzt haben, einige erfüllen ihre Off-Road-Dienste besser als andere.

Enduros

Suzuki DRZ400: 1 Zylinder, 4 Ventile, 398 cm³, 39 PS, 132 kg

Geländefahrer bevorzugen das geringe Gewicht und die Einfachheit eines Zweitakters – Kawasakis KMX125 und KDX-Reihen stechen in dieser Kategorie ins Auge. Viertakter sind schwerer, scheinen aber eine höhere Lebensdauer als Zweitakter zu haben – Hondas XLR125 und Suzukis DR125 sind Spitzenmaschinen in dieser Kategorie.

Als beliebtes Motorrad hat sich Suzukis Viertakter DR-Z400S seit der Vorstellung im Jahr 2000 erwiesen. Sie ersetzt die DR350, eine Favoritin der Geländefahrer bei kleinen Enduro-Veranstaltungen. Sie packt einen drehmomentstarken 398-cm³-Motor in ein kompaktes Motocross-Fahrwerk. Eine ideale Wahl fürs Gelände.

Spezielle Hersteller wie Beta, Husqvarna und KTM haben ihre jahrelange Erfahrung im Off-Road-Geschäft auf ihre Geländemotorräder übertragen.

Beta ist berühmt geworden auf Trial-Wettbewerben, die Alp 125 und 200 sind Viertakt-Bikes, die vom Trial-Erbe profitieren und sich trotzdem für alltägliche Zwecke anbieten.

Die Husqvarna WRE125 ist ein großartiger kleiner Zweitaker, der sich auch für Anfänger eignet. Und die TE410 und 610 des Unternehmens sind große Viertakt-"Wuchtbrummen" für engagierte Geländefahrer.

KTM bietet eine exzellente Auswahl von Off-Roadern für den Geländefahrer von 250-cm³-Zweitaktern bis zu 625-cm³-Viertaktern, die aber mehr für das Fahren im Dreck als für das Fahren auf Asphalt zuständig sind.

Das Geländefahren ist ein ausgezeichneter Weg, alte Wege abseits des Gewöhnlichen zu entdecken, es bleibt weiterhin eine der großartigsten Jagden im Freien.

Hondas XR650 (auf der gegenüberliegenden Seite) liefert eine Menge Viertaktbrummen und -drehmoment, ohne dem Geländefahrer eine allzu große Gewichtsstrafe aufzubürden. Es sieht immer noch so aus, als ob der Fahrer eine Menge Spaß hätte, und das ist es, was das Geländefahren ausmacht. Egal wie schmutzig Ihre Kleidung werden kann.

Kawasaki KDX 125: Einzylinder-Zweitakter, 124 cm³, 12/24 PS, 107 kg

Honda XLR125R: Einzylinder-Viertakter, 2 Ventile, 124 cm³, 11,4 PS, 119 kg

Honda XL1000V Varadero: *Zweizylinder-V-Motor, 8 Ventile, 999 cm³, 95 PS, 220 kg*

Honda XL650V Transalp: *Zweizylinder-V-Motor, 6 Ventile, 647 cm³, 54,3 PS, 191 kg*

Reise-Enduros

Reise-Enduros sind imposante Maschinen. Sie vermitteln einen aggressiven Paris-Dakar-Auftritt, selbst wenn die Off-Road-Ambitionen nicht weiter reichen als zum Parkplatz vor dem nächsten Eis-Cafe.

BMW R1150GS: Zweizylinder-Boxer-Motor, 8 Ventile, 1130 cm³, 85 PS, 219 kg

Suzuki V-Strom: Zweizylinder-V-Motor, 8 Ventile, 996 cm³, 98 PS, 211 kg

Aprilia CapoNord: Zweizylinder-V-Motor, 8 Ventile, 997,6 cm³, 98 PS, 215 kg

Enduros sind imposante Maschinen. Sie können einen aggressiven Paris-Dakar-Auftritt auf der Straße haben, sogar wenn ihre Off-Road-Ambitionen nicht weiter reichen, als auf das Pflaster vor dem Cafe zu prallen.

Trotz ihres Aussehens eignen sich Enduros für die vor allem für die Straße. Die hohe Fahrposition und breite Lenker sorgen für gute Sicht und leichtes Lenken. Großvolumige Motoren entfalten einen gewaltigen Appetit aufs Kilometerfressen. Und riesige Kraftstofftanks vergrößern die Distanzen zwischen den Tankstopps. Dass die weiche Aufhängung ein eher komfortables Fahren ermöglicht, bedeutet gleichzeitig, dass sich Kurvenfahren nicht in der Sportbikes-Liga abspielen. Dennoch, falls Sportbikes nicht Ihr Ding sind, könnte es eine große Enduro sein.

Aprilias Capo Nord ist ein gutes Beispiel für eine große Enduro. Mit einem 997-cm³-Zweizylinder-V-Motor, der von Aprilias sportlicheren Zweizylindern stammt, ist die Capo Nord eine Enduro, die vor allem motorisch überzeugt.

Cagivas Navigator bietet eine ähnliche Maschine, ihr Zweizylinder-V-Motor stammt von Suzukis TL1000 ab.

BMW GS ist die größte und jüngste Enduro-Anstrengung: GS steht für Gelände/Straße, dennoch hat die GS mehrere Male Paris-Dakar gewinnen können.

Andere Alternativen sind die Honda Varadero, die vom Ein-Liter-Zweizylinder-V des Firestorm-Sportbikes angetrieben wird. Auch Triumphs 955-cm³-Tiger ist beliebt, genauso wie Yamahas TDM Zweizylinder, die 2002 von 850 auf 900 cm³ gebracht wurde.

Falls Ihnen der Geländemotorrad-Stil zusagt, Sie aber weniger als einen Liter aus der Motorabteilung brauchen, schauen Sie sich Motorräder wie die BMW F 650 GS – ein Viertakter mit 50 PS – an. Die Honda Transalp und die jüngst in Rente gegangene Africa Twin sind Zweizylinder-V-Alternativen mit 650 und 750 Kubik.

Große Enduros sind in Kontinentaleuropa extrem beliebt und machen auch als fähige Allrounder auch in unseren Breiten Sinn.

Supermoto

Supermotos sind die neuen Lieblinge der Motorradfangemeinde und haben im zurückliegenden Jahrzehnt einen gewaltigen Aufschwung erfahren. Supermoto-Rennen sind im kontinentalen Europa sehr verbreitet, obwohl ihre Ursprünge bis in die siebziger Jahre in die USA zurückverfolgt werden können.

KTM Duke: Einzylinder-Motor, 4 Ventile, 625 cm³, 55 PS, 145 kg

CCM 604e Supermoto: Einzylinder-Motor, 598 cm³, luftgekühlt, 53 PS, 138 kg

Wenn Sie ein Supermoto kaufen, erhalten Sie im wesentlichen ein Rennmotorrad, an dem die vorgeschriebenen Accesoires befestigt sind: Scheinwerfer, Blinker und ein Tacho. Straßenfahrer greifen meist zu Supermotos mit großen Viertakt-Einzylindern als Spaß-Alternative zu Sportbikes, für die Fahrer, die Angst haben, bei den dort üblichen hohen Geschwindigkeiten den Führerschein zu verlieren. Und da ist etwas dran. Große, drehmomentstarke Motoren und kurze Übersetzungen lassen sie satt vorwärts schießen, und falls das Fahren auf dem Hinterrad Sie anmacht, dann wird Ihnen ein Supermoto dafür gerne zur Verfügung stehen. Tolle Bremsen und geringes Gewicht machen Stopps zu einem Kinderspiel. Die Spitzengeschwindigkeiten übersteigen kaum 160 km/h. Andererseits sind die hohe Sitzposition und der rappelige Ein-Zylinder keine große Freude auf langen Strecken, und der kleine Kraftstofftank begrenzt den Abstand zwischen den Tankstopps.

Wenn Sie jedoch in einen Satz Off-Road-Rädern investieren, haben Sie zwei Bikes zum Preis von einem.

Europäische Unternehmen beherrschen den Supermoto-Markt. Die österreichische Firma KTM ist ein großer Name bei Supermotos, dank großer Erfolge bei Rennen. Die KTM 640 Duke ist ein 625-cm³-Einzylinder-Viertakt-Motor, und die Produktion ist auf 1500 Bikes pro Jahr begrenzt. Es gibt zudem die LC4-Supermoto, die denselben Motor hat, aber eher dem grundsätzlichen Off-Road-Stil entspricht.

Die italienische Firma Husqvarna (ursprünglich aus Schweden) hat die 576-cm³-Viertakt-610 SM als die Supermoto-Version ihrer TE 610-Enduro eingeführt. Husky bietet auch die SMR 570 an – mit kultivierterem Styling, aber sogar größer als die 610, die wie alle Supermotos einen sehr hohen Sitz hat.

Supermotos bieten eine Menge Spaß. Ein großer Off-Roader auf 17-Zoll-Straßenräder mit klebrigem Gummi zu setzen, ist ein todsicheres Rezept.

Während Sie dieses Buch lesen, sollten eigentlich die Innenstädte vom Klang der Supermotos widerhallen, da sie genau das bei den Meisterschaftsrennen, natürlich auf präparierten Rennkursen, auch tun. Sogar falls sich diese Vorhersage als falsch erweisen sollte, werden Supermotos irgendwann in den Innenstädten Fuß fassen, genau dann, wenn modebewusste Angestellte nach etwas mit mehr Auffälligkeit, Schwung und Quietschen suchen, als es ihnen der kleine Roller, der sie bislang zur Arbeit und zurück befördert, bieten kann.

Supermotos begannen als Kult-Objekte und kommen heutzutage so richtig in Schwung. Hauptsächlich wegen des Drucks spezieller Hersteller wird der Auftritt der großen Motorrad-Unternehmen auf der Supermoto-Bühne nicht lange auf sich warten lassen.

Schluchten-
Flitzer

Ein Sportbike durch die inner-
städtische Rushhour zu fahren,
kann mächtig Schmerzen in
Nacken und Handgelenken
verursachen, ganz abgesehen
davon, dass diese Bikes meist
für etwas größere Fahrer
abgestimmt sind. Ein Roller ist
eine gute Wahl, vorausgesetzt,
die Fahrt zur Arbeit führt
hauptsächlich über innerstädti-
sche Straßen. Leichte oder
mittelgewichtige sind insgesamt die besten Bikes.

*Honda CB500: Zweizylinder parallel, 8 Ventile, 499 cm³,
57 PS, 175 kg*

*Honda Hornet 600 FS: Reihen-Vierzylinder, 16 Ventile,
599 cm³, 96 PS, 179 kg*

Zwei einfache Gründe machen ein Leicht- oder Mittelgewicht – anders als einen Roller – zur ersten Wahl als Pendlerbike. Erstens ist es etwas weniger attraktiv für Diebe, wenn sie tagsüber außerhalb des Arbeitsplatzes geparkt wird. Und zweitens wird das Bike wahrscheinlich weniger Schaden nehmen, falls Sie stürzen sollten. Sogar der kleinste Sturz eines Sportbikes wird wahrscheinlich in einer heftigen Rechnung enden, weil die kostenintensiven Verkleidungen das Sportliche ausmachen.

Die besten Alternativen zu Bus- oder saisonalen Bahn-Tickets sind Motorräder wie die Kawasaki ER-5 und Honda CB 500. Die Yamaha Fazer und Honda Hornet 600 sind ebenfalls eine gute Wahl, obwohl sie etwas auffälliger sind als ihre zurückhaltenden Geschwister.

Die Kawasaki GT 550 ist ein typisches Pendlerbike, dass es schon immer gegeben zu haben scheint. Dieses Bike ist mit einer Kardanwelle ausgerüstet (daher geringe Wartung) und einem Viertakt-Vierzylinder-Motor, war jahrelang erste Wahl für viele Kurierfahrer (die GT550 erschien im Jahr 1983 und wurde seitdem kaum geändert). Also gibt es eine Empfehlung für tagtägliche Zuverlässigkeit.

Das Fazit: Es gibt viele Motorräder, die die Rolle eines Pendlerbikes spielen können, die leichtes Handling und einfache Wartung bieten. Genauso wichtig: Sie stellen eine wirtschaftliche Alternative zu anderen Pendel-Möglichkeiten dar. Und das muss Grund genug sein, Ihre Bahnkarte zu zerreißen und Ihren Motorradfahrgenuss um die tägliche Aufgabe zu erweitern, zur Arbeit und zurück zu fahren.

Schauen Sie sich das mal an. BMWs F650 verwendet einen Blindtank, um ihn zur weltweit größten Zur-Arbeit-Fahren-Handtasche zu machen. Fügen Sie ein riemengetriebenes Hinterrad hinzu, und sie muss die Spitzenwahl für Pendler werden, die die Wartung ihres Motorades auf ein Minimum beschränken möchten.

Suzuki GS500E: 2 Zylinder parallel, 487 cm³, 51,3 PS, 173 kg

Kawasaki ER-5: 2 Zylinder parallel, 8 Ventile, 498 cm³, 50 PS, 179 kg

Achtelliter

Jugendliche können mit 16 Jahren ihr erstes Motorrad fahren. Die für den Einsteigerführerschein auf 80 km/h limitierten 125er können für den Führerschein ab 18 Jahre später auf volle Leistung entdrosselt werden.

Aprilia RS125R: Einzylinder-Zweitakt-Motor, 124,6 cm², 12 PS, 115 kg

Honda CLR125 City Fly: Einzylinder, 4 Ventile, 124,7 cm³, 15 PS, 145 kg

Honda CG125, Einzylinder, 4 Ventile, 124 cm², 10,8 PS, 137 kg

Hondas CG125 hat sich als als einfaches Einsteiger-Motorrad etabliert, und es ist leicht einzusehen warum. Der unverwüstliche kleine Viertakt-Einzylinder kann so ziemlich alles vertragen, was ihm sogar der unbedarfteste Anfänger zufügen kann, und ist auch noch wirtschaftlich. Sicherlich ist es nicht das attraktivste Bike auf der Welt, aber es ist mehr als ausreichend für die jungen Einsteiger und ein nützliches Pendlerbike, wenn man den großen Führerschein erst mal in der Tasche hat.

Es gibt es eine Menge 125er, die den Stil verschiedener großer Bikes nachahmen. Honda bietet ein 125er-Sondermodell (VT125 Shadow); die CLR 125 City Fly im Rennmaschinen-Stil; eine reine Enduro in Form der XLR 125; die sportliche NSR 125 mit Zweitakter und eine Baby-Enduro, die 125er-Varadero mit Zweizylinder-V-Motor.

Yamaha hat die Zweitakter-DT 125 R im Enduro-Stil, die kuriose TW 125 mit Ballonreifen, die Semi-Custom SR125 und die XVS125-Dragster-Cruiser.

Suzukis Alternativen reichen von der Viertakt-DR 125 SE-Enduro bis zum Roadster-Sondermodell GZ 125.

Kawasaki liefert die EL 125 Eliminator im Cruiser-Outfit, aber für seine Zweitakt-Enduro KMX 125 interessieren sich die 125er-Käufer eher.

Der Off-Road-Spezialist Husqvarna bietet eine Reihe von 125ern – die SM 125 S mit Straßenrädern und die WRE 125 mit Geländereifen, aber die Spitzenleistung und die kompromisslose Off-Road-Federung lassen sie nicht gerade als erste Wahl für Anfänger erscheinen.

Können Sie sich ein 125-Kubik-Sportbike vorstellen? Die Aprilia RS 125 R ist eine tolle Zweitakt-Rennmaschinen-Kopie. Die Cagiva Mito 125 schaut wie eine Baby-Ducati-996 aus mit einem Fahrwerk, das dem kleinen Zweitaktmotor in jeder Situation gewachsen ist. Das Unternehmen bietet auch die Plant 125 an, ursprünglich eine neu-entworfene, "nackte" Mito.

Es gibt eine Menge Auswahl auf dem 125er-Markt und, genauso wichtig, etwas, das für alle Geldbeutel passt.

Erinnern Sie sich noch an die Überlegungen, die Sie angestellt haben, als Sie eine 125-cm³-Maschine für Ihre Anfänger-Tage auswählen wollten? Sportbikes, Sondermodelle, Cruiser, Enduros oder Roadster - es gibt sie alle in der Achtelliterklasse.

Suzuki GZ125: Einzylinder, 2 Ventile, 124 cm³, 12 PS 8nominal), 125 kg

Kawasaki KMX125: Einzylinder-2-Takt-Motor, 124 cm³, 12/24 PS, 99 kg

Yamaha SR125: Einzylinder, 2 Ventile, 124 cm², 12 PS, 104 kg

Klassiker

Wenn die zuletzt vorgestellten Maschinen nicht Ihr Interesse finden, wie wär's mit einem klassischen Motorrad? Die Menschen fühlen sich aus verschiedenen Gründen zu klassischen Motorrädern hingezogen. Einige ältere Fahrer wählen die Bikes, die sie entweder in ihrer Jugend besaßen oder sich damals nicht leisten konnten. Andere möchten nur eine legendäre Marke oder ein legendäres Modell besitzen und fahren. Die Befriedigung, eine alte Maschine auf der Straße halten zu können, kann ebenfalls ein gewisse Anziehungskraft besitzen. Und es gibt natürlich die Restauratoren, die Maschinen kaufen, um sie in ihren ursprünglichen Fabrik-Zustand zurückzusetzen und sie zu zeigen oder zu fahren.

In Anbetracht der Tatsache, dass es Motorräder bereits mehr als ein Jahrhundert lang gibt, hat man eine große Auswahl. Ein Vor-(dem 1. Welt)kriegs-Einzylinder mit einem Antriebsriemen aus Leder und nur einem Gang wird sicher nicht die beste Wahl für ein Motorrad des 21. Jahrhunderts sein, mit dem man zur Arbeit fährt. Falls Sie also planen, ihr Klassik-Bike ziemlich häufig zu benutzen, sollten Sie sich etwas Aktuelleres aussuchen – insbesondere wenn Sie sich für ihr erstes Klassik-Bike interessieren. Es wird einfacher sein, Ersatzteile zu besorgen, besonders dann, wenn Ihr Klassik-Bike ein beliebtes Modell war. Denn die Ersatzteile für viele von ihnen wurden neu hergestellt, und die originalen Bauteile wurden dabei verbessert.

Wenn man ein klassisches Motorrad wählt, kehrt man mindestens zwei Jahrzehnten Motorrad-Entwicklung den Rücken. Für den normalen Gebrauch sollten Sie ein Klassik-Bike mit soviel Leistung wählen, dass Sie mit dem modernen Verkehr Schritt halten können, und berücksichtigen Sie bitte, dass Bremsen und Zuverlässigkeit nicht so gut wie die moderne Technik sind. Obwohl es eine Anzahl von Spezialisten gibt, die Umrüstsätze liefern, mit denen die Bremsen auf den neuesten Stand gebracht werden, Kontakte durch elektronische Zündungen ersetzt werden und Klassik-Bikes so besser und zuverlässiger funktionieren lassen.

Es existiert ein riesiges Netzwerk von Klassik-Bike-Enthusiasten und Eigner-Klubs, die dabei helfen, dass die älteren Maschinen auf der Straße bleiben können. Sie sollten einem Klub beitreten, der Ihre Maschine repräsentiert. Klubs sind unentbehrliche Quellen für Tipps und viele Zeichnungen von Ersatzteilen. Sie organisieren Rennen und Rallyes, und viele haben auch regelmäßige lokale Treffen, die ausgezeichnete Gelegenheiten bieten, mit gleichgesinnten Enthusiasten Kontakt aufzunehmen.

Für viele Klassikbike-Fans ist die Herausforderung, ihre Maschinen auf der Straße zu halten und die zusätzliche Wartung, die sie zu fordern scheinen, der ganze Spaß an der Sache – und an den meisten älteren Bikes kann man außerdem wesentlich leichter arbeiten als an den modernen Bikes.

Es gibt unendlich viele klassische Motorräder zur Auswahl. Aber die ideale Wahl für Diejenigen, für die der Spaß am Charakter der älteren Maschinen neu ist, sind die mehr verbreiteten aktuellen Bikes wegen der besseren Verfügbarkeit von Ersatzteilen und der verfügbaren Leistung im Fall der großen Bikes.

1973 Norton 850 Commando: Zweizylinder parallel, 829 cm³, 185 kg

1981 Laverda Formula Mirage: Reihen-Dreizylinder, zwei obenliegende Nockenwellen, 1116 cm³, 232 kg

Triumph Bonneville (Ende der 60er Jahre): Zweizylinder parallel, 649 cm³, 175 kg

Roller

Der Roller-Markt ist der größte Boom-Bereich des Motorradfahrens in den vergangenen paar Jahren gewesen, aber es ist mehr als eine flüchtige Mode. Roller bilden eine preiswerte und bequeme Alternative zum Auto – oder sogar einem Busticket. Die Mode hat beim Aufstieg des Rollers ihre Rolle gespielt, aber niedrige Kosten und preiswerte Versicherungen sind die tatsächlichen Trümpfe.

Klein, leicht und einfach zu parken sind Roller die endgültige Lösung für den Großstadtdschungel. Außerdem wird der sparsame Kraftstoffverbrauch neu definiert – 3,6 Liter auf 100 Kilometer sind der Durchschnitt, und einige Roller kommen sogar mit 2,3 Litern auf 100 Kilometern aus – so dass Roller eine verlockende Alternative darstellen.

Aprilia Scarabeo: Einzylinder-Zweitakt-Motor, 100/125 cm³, 92/140 kg

Roller sind aus vielen Gründen verlockende Alternativen, dazu gehört auch, dass man leicht mit ihnen fahren kann. Viele sind vollautomatisch – nur den Gasgriff drehen und losfahren. Die meisten haben genug Stauraum unter dem Sitz, um den Helm verstauen zu können, und gestatten es, einen großzügigen Einkauf nach Hause zu transportieren.

Dazu passt, dass Roller wieder ihren Platz beim Transport städtischer Pendler und Fahrer finden, weil sie ursprünglich auch zu diesem Zweck entstanden sind. Nach dem Zweiten Weltkrieg gab es in Italien einen gewaltigen Bedarf an preiswertem Transport. Flugzeug-Fabriken wurde es verboten, Flugzeuge zu bauen. Sie hatten aber immer noch die Stahlpressen und einen Überschuss an kleinen Rädern für Kampfflugzeuge. Aus dieser Not heraus wurde die erste Vespa (Wespe) geboren, und Italien war wieder unterwegs.

Viele der heutzutage beliebtesten Roller sind Italiener – Piaggio, Vespa, Aprilia. Auch die Franzosen sind groß dabei, namentlich mit Peugeot. Und die japanischen Hersteller würden sich natürlich den Markt nicht entgehen lassen. Also gibt es eine Menge Auswahl in diesem Bereich.

Suzuki, Yamaha und Honda sind besonders aktiv bei der Schöpfung einer neuen Klasse von Superrollern. Diese Maschinen kombinieren die Roller-Standards Komfort und Wetterschutz mit Spitzengeschwindigkeiten bis zu etwa 160 km/h, so dass sie mit dem Autobahn-Verkehr mithalten können.

Aber sind das Roller oder Motorräder? Honda hat den 582-Kubik-SilverWing, Piaggio den X9 500, Suzuki den Burgman 400 und Yamaha den 500 TMax. Es kommt der Punkt, da die gesundgeschrumpften Eigenschaften der kleineren Roller vom Herstellerwunsch, es allen Leuten Recht zu machen, aufs Spiel gesetzt werden.

Italjet Dragster: Einzylinder-Zweitakt-Motor, 50/125/180 cm³, 85/107/109 kg

Honda @ 125: Einzylinder-Viertakt-Motor, 13 PS, 120 kg

Suzuki Burgman: Einzylinder, 4 Ventile, 385 cm³, 32 PS, 174 kg

Italjet Torpedo (oben): Roller-Hersteller sind mehr als glücklich, dass sie ihren Hut vor ihrem eigenen Erbe ziehen können, indem sie ihren Fabrikaten fallende Linien und klassische Formgebung spendieren und dabei moderne Nettigkeiten wie Scheibenbremsen und Blinkleuchten integrieren.

Fünfziger

Vor nicht allzu langer Zeit träumte jeder 16-Jährige von einem Moped, und die kleinen 50er führten viele Fahrer in ein Motorrad-Leben ein. Heutzutage hat der Roller-Boom das Interesse in die Mini-Wunderwerke des Motorrad-fahrens wiederbelebt.

Honda SH50 City Express: Einzylinder-Zweitakt-Motor, 49 cm³, 3,8 PS, 68 kg

Aprilia SR50 Di Tech Racing:
Einzylinder-Zweitakt-Motor, 50 cm³, 89 kg

Suzuki AP50W: Einzylinder-Zweitakt-Motor, 49 cm², 2,9 PS, 59 kg

Aprilia Enjoy Racing: elektrisches Fahrrad, 31 kg

Niedriges Gewicht und leichte Bedienung charakterisieren Mopeds. Für 16-Jährige sind sie die einzigen motorgetriebenen Zweirad-Alternativen. Genießt sie. Mehr Geschwindigkeit und Leistung ist nur ein Jahr Fahren entfernt.

Ein Moped ist immer noch eine günstige Möglichkeit für Jeden, der 16 Jahre alt ist, ein Motorfahrzeug auf der Straße zu fahren, und es eröffnet ein ganz neue Welt der Freiheit. Okay, es gibt Grenzen. Die Spitzengeschwindigkeit ist begrenzt auf 45 km/h, und die maximale Motorgröße beträgt 50 Kubik.

Aber obwohl sie nicht mit Geschwindigkeit und Leistung prahlen, müssen sie sich in ihrer Aufmachung kaum verstecken. Der modebewusste 16-Jährige hat heutzutage eine große Auswahl.

Die Alternativen im zum Roller-Stil sind Aprilias Sportmoped SR 50 LC und das Rollermoped Rally LC im Gelände-Stil. Roller sind in Italien weit verbreitet, und andere italienische Unternehmen wie Benelli, Beta, Gilera, Italjet, Malaguti, MBK, Piaggio und Vespa bieten auch einige flotte Roller-Mopeds an – genauso wie die spanische Firma Derbi.

Frankreich ist nicht als großer Motorrad-Hersteller bekannt, aber Peugeots 50-cm³-Speedfight ist ein zunehmender Verkaufserfolg gewesen, hauptsächlich wegen ihres Stylings und Handlings.

Die Japaner ignorieren nur wenige Märkte, und die Roller-Mopeds bilden da keine Ausnahme. Honda, Suzuki und Yamaha bieten allesamt 50er-Mopeds im Roller-Stil an.

Falls Sie auf Moped-Leistung beschränkt sind, aber das Aussehen eines Sportbikes mögen, ziehen Sie Aprilias RS 50, die Moto-Roma RX 50 oder die leistungsfähigere GPR 50 R in Betracht – und erklimmen damit den Gipfel der Schul-Bike-Hitparade.

Es gibt viele Mopeds im Gelände-Stil, aus denen man wählen kann. Picken Sie sich die Aprilia RX 50, die Derbi Senda R, die Gilera H@K und die Suzuki TS 50 X unter anderen heraus. Falls Sie lieber nach einer Supermoto schauen, dann gibt es die Gilera GSM, die Derbi Supermotard und die Beta Supermoto, um nur drei zu nennen.

Mopeds bedeuten Spaß und sind wirtschaftlich. Viele Mopeds sind mit Automatikgetrieben ausgestattet, während andere über normale Getriebe verfügen. Wie auch immer: sie sind eine großartige Einführung in die Freude am Motorradfahren.

2

So geht's endlich los

Welcher Führer-schein?

Wenn die Kaufentscheidung getroffen ist, bleibt die Frage des Führerscheins. Oder umgekehrt, welches Motorrad kann ich mit meinem Führerschein fahren? Oder welches Motorrad kann mein Sohn, meine Tochter mit 15, mit 16 oder mit 18 fahren? Das ist keine nebensächliche Frage, da die Kosten für die verschiedenen Führerscheine unterschiedlich hoch sind und für die meisten Jugendlichen die Zeit mit dem Roller nur eine Übergangslösung bis zum Autoführerschein darstellt.

Schärfen Sie Ihre Zähne an einem spaßigen Moped...

..und wechseln anschließend zur schwindelerregenden Power einer CG125

Mofa

Mofa/Moped-Führerschein: Mit 15 darf jeder ein Mofa fahren und die Prüfung ist weder teuer noch besonders kompliziert. Gelegentlich werden solche Ausbildungen in der Schule angeboten, und das ist dann ein sehr interessantes Angebot. Für den Moped-Führerschein Klasse M muss der Schüler zur Fahrschule gehen. An den Lenker darf er (oder sie) erst im Alter von 16 Jahren. Diese Kategorie umfasst Roller und Kleinmotorräder mit maximal 50 Kubik Hubraum und einer Höchstgeschwindigkeit von maximal 45 km/h. Die Ausbildung ist günstiger als bei einem "richtigen" Führerschein, das heißt, bei einem Führerschein für Motorräder mit einer Spitze bis zu 80 km/h und 125 Kubik große Motoren. Knapp unter 500 Euro wird es trotzdem kosten, da die Erfahrung zeigt, dass drei bis vier Fahrstunden meist doch erforderlich sind. Für diese Klasse sind auch keine Sonderfahrten während der Ausbildung nötig, wie zum Beispiel Autobahnfahrten. Im Preis mit drin sind Gebühren für theoretische und praktische Prüfungen.

Motorrad

Motorradführerschein, Klasse A1: Hier wird es ernst, da die Fahrerlaubnis in diesen Kategorien dem Fahrer die gleichen Freiheiten, aber auch die Verantwortungen eines vollwertigen Mitglieds der fahrenden Zunft gibt. Der so genannte Stufenführerschein macht nicht nur einen Unterschied zwischen 125ern und größeren Zweirädern, sondern auch im Alter. Ist einmal der "große" Führerschein geschafft, hat der Fahrer, sofern er jünger ist als 25, für die ersten zwei Jahren nach Erteilung des Fahrerlaubnis nur Zugang zu Maschinen (Roller oder Motorrad) mit einer Leistung von weniger als 34 PS (25 kW). Gehen wir dem Alter nach bei unserer Betrachtung der Führerscheinbestimmungen, folgt nun der Führerschein A1. Hier finden sich auch eine sehr große Auswahl an interessanten Motorrädern mit 125 Kubik Hubraum, für 16-jährige jedoch mit gedrosselter Motorleistung und begrenzter Spitzengeschwindigkeit. Hier ist die Schulung sehr umfas-

send, da die Fahrzeuge (maximal 125 Kubik, 15 PS, Spitze 80 km/h) zum Beispiel auch auf Autobahnen gefahren werden dürfen. So gesehen ist die Ausbildung gleich mit der des unbegrenzten Führerscheins. Unter besonderen Ausbildungsfahrten enthält der Plan unter anderem fünf Stunden Überlandfahrten, davon mindestens zwei (je 45 Minuten) zusammenhängend. Hinzu kommen vier Stunden Autobahn und drei bei Dämmerung oder Dunkelheit. Bei diesen beiden Gelegenheiten sollen ebenfalls je eine längere zusammenhängende Fahrt stattfinden. Dass Eltern sich oft über die hohe Kosten der Fahrstunden beschweren, ist verständlich. Die Fahrschule hat aber dabei höhere Kosten als bei einem Autoführerschein, da während jeder Unterrichtsstunde nicht nur das Zweirad bewegt wird, sondern auch das Folgeauto. Die Gesamtkosten für einen A1-Führerschein können knapp unter 900 Euro bleiben, aber unter Umständen auch 30-50 Prozent teurer werden. Für einen Führerschein der Klasse A, ohne Geschwindigkeits- oder Leistungsrestriktionen, müssen Fahrer oder Fahrerin ein Mindestalter von 18 Jahren erreicht haben. Eine Beschränkung besteht nur, wie oben erwähnt, hinsichtlich des Alters: Die ersten zwei Jahre nach Erteilung des Führerscheins ist der Fahrer auf Fahrzeuge mit maximal 34 PS angewiesen. Ein Direktanstieg zum ungedrosselten Vergnügen ist erst mit 25 Jahren möglich. Die Ausbildung entspricht ungefähr der des A1, mit dem Unterschied, dass der Schüler ohne vorherige Kenntnisse erfahrungsgemäß etwas mehr Zeit benötigt und die Kosten daher etwa 15 bis 20 Prozent höher liegen werden. Auch die Prüfungsgebühren sind etwas teurer. Unter Umständen kann es auch billiger werden, zum Beispiel wenn der Prüfling schon den Führerschein Klasse A1 hat. Dann verkürzen sich die Sonderfahrten (Landstraße, Autobahn, Dunkelheit) – allerdings nur, wenn eine zweijährige Frist seit der A1-Prüfung nicht überschritten ist. Dieser Führerschein gibt dem Fahrer den Zugang zu den meisten Motorrädern auf dem Markt.

Ehrgeizige Fahrer haben sich bei einer Fahrschule aufgestellt, um die ersten Schritte in Richtung Zweirad-Freiheit zu unternehmen (gegenüber). Jeder muss den gleichen Grundstandard erreichen, bevor er (oder sie) die Prüfung besteht.

Die **Fahr**schule

Es klingt einfach, und eigentlich ist es das auch. Praktische Übungen bedeuten genau das, nämlich in der Praxis eine Verkehrssituation zu üben.

Die **vordere Bremse** spielt die Hauptrolle, da die Radlast beim Bremsen nach vorn - wandert.

Mit dem **Gasgriff** wird die Fuhre schneller oder langsamer, ein Viertaktmotor bremst ganz ordentlich mit.

Die **hintere Bremse** ist viel kleiner, wegen der dynamischen Radlastverteilung beim Bremsen trägt sie kaum zur Verzögerung bei.

Die **Kupplung** am linken Lenkerende braucht viel Gefühl.

Normalerweise liegt **der erste Gang** unten, der Rest wird nach oben geschaltet.

Auch wer seine Fahrradjahre noch nicht lange hinter sich hat, benötigt eine gewisse Umgewöhnungszeit, um das Fahrverhalten eines motorisierten Zweirads zu erkunden. Es dauert, bis sich die große Freiheit im Sattel komfortabel und vertraut anfühlt. Es ist ein großer Unterschied, ob man ein Auto fährt oder ein offenes Einspurfahrzeug. Im letzteren Falle ist der Kontakt zur Umgebung direkter, und jede Reaktion im Fahrwerk, jeder Windstoß oder Kursänderung wird vom Fahrer unmittelbar miterlebt. Das Gefühl von Geschwindigkeit ist unter Umständen auch sehr viel ausgeprägter. In seiner Karosserie ist der Autofahrer abgeschirmt von der harten Wirklichkeit. Die Servolenkung gibt ihm auch eine weniger direkte Rückmeldung von der Straße und kaum Gefühl vom Verhalten der Räder. Das ist auch der Grund, warum die eigentlich Fahrtechnik eine größere Rolle bei der Führerscheinausbildung zum Zweiradfahrer spielt. Deshalb beschäftigen sich die ersten Stunden mit allgemeiner Maschinenkontrolle, Slalom fahren, Anfahren, Abbremsen und so weiter. Es ist wahr, dass moderne Motorräder im Prinzip ein recht unkompliziertes Fahrverhalten aufweisen.

Die erste Bekanntschaft wird meistens auf einem großen, offenen Gelände gemacht. Dadurch lernt der Schüler mit dem Gewicht umzugehen, lernt das Bewegungsmuster in verschiedenen Situationen erkennen. Das klingt langweilig, ist aber der Grund für alle spätere Übungen. Auch Motorradfahrer mit vielen Jahren Erfahrung tun gut daran, wenn sie im Frühling diese Übungen wiederholen. Bei Straßengeschwindigkeiten fühlt sich alles zunächst anders an, aber langsam erkennt der Schüler, dass die ersten Erlebnisse dem Fahrzeug in allen Geschwindigkeitsbereichen tatsächlich folgen. Die nächste Stufe ist, das Motorrad im Straßenverkehr zu bewegen. Da hat der Neuling anfangs Schwierigkeiten, die unterschiedlichen Situationen korrekt einzuschätzen. Die Eindrücke von herankommenden Fahrzeugen, Bewegung auf dem Bürgersteig und die bunte Vielfalt der allgemeinen Straßenszene kommen, wie die Empfindung der Geschwindigkeit, viel direkter auf einem offenen Einspurfahrzeug. Danach wird die Theorie mit der Praxis verbunden und der Schüler muss lernen, sein Gefährt auf der Straße zu halten. Bei jeder Fahrt bekommt der Schüler eine ständige Rückmeldung über Funk, Anweisungen, wenn etwas nicht so geklappt hat, wie der Fahrlehrer es sich wünscht. Oben haben wir die Sonderfahrten erwähnt. Die Autobahnübungen strapazieren vielleicht am meisten die Nerven des Neulings. Egal ob mit einem gedrosselten Bike oder mit einem größeren Motorrad, die Unterschiede in Geschwindigkeit zu anderen Verkehrsteilnehmern in dieser Umbgebung sind doch groß. Hier ist die Unterstützung vom Fahrlehrer eine große Hilfe. Als Grundregel gilt, der Fahrlehrer weiß, wo es langgeht.

Am Anfang muss der Fahrschüler erst mal mit allen Bedienungselementen vertraut werden. Wer älter als 25 Jahre ist, darf auch direkt auf Motorräder wie die ZX-12R (ganz oben) steigen.

Die **Theorie**

Bevor es überhaupt zur praktischen Prüfung kommt, gilt es Theorie zu pauken und natürlich auch, eine entsprechende Prüfung zu bestehen.

In Deutschland besteht die Prüfung aus einer Serie von Fragebögen, die als Vorbereitung auch bei der Fahrschule erhältlich sind. Es gibt viele davon, und der Prüfer sucht beliebig eine Auswahl davon aus. Dort werden verschiedene Situationen im Straßenverkehr beschrieben und jede Frage kann mit Auswahlmöglichkeiten beantwortet werden. Das heißt aber nicht, dass Glück mit im Spiel ist. Die Fragen werden nach Bedeutung und Wichtigkeit unterschiedlich bewertet und ergeben unterschiedliche Punktezahlen. Deshalb dient immer noch das Lehrbuch als Grundlage des Unterrichts. Klar, dass viele Fragen mit Vernunft richtig zu beantworten sind, aber wenn die Basis stimmt, die Grundkenntnisse sitzen, ist die Prüfung leichter zu schaffen. Ohne absolvierte Theorieprüfung kann auch die praktische Prüfung nicht stattfinden. Wer die Theorie dreimal verbockt hat, muss eine Zwangspause einlegen, bevor der nächste Versuch stattfinden kann. Jede Prüfung kostet übrigens 25 Euro (Stand 2004), und das ist sehr viel Geld, nur weil man das Buch nicht ausreichend studiert hat. Die praktische Prüfung muss dann innerhalb einer gewissen Zeit ausgeführt werden, sonst ist die theoretische Prüfung erloschen. So schwer ist es nun wieder nicht, obwohl Beobachtungen zeigen, dass jüngere Prüflinge vermehrt genau hier scheitern.

Die **Praxis**

Hier gilt es! Jetzt wird entschieden, ob der Prüfling dem Führerschein würdig ist, ob er reif ist, im Verkehr mit einem eigenen Fahrzeug ohne Aufsicht zu fahren. Trotzdem soll man sich nicht allzu große Sorgen machen. Es ist einfach eine Bestätigung dafür, dass das, was man in den vergangenen Wochen (oder Monaten) geübt hat, wirklich auch sitzt.

Der Fahrlehrer fährt selbstverständlich mit, nicht als Aufpasser, sondern weil Sie noch nicht ohne Aufsicht fahren dürfen. Trotzdem kann er unter Umständen beruhigend wirken und zum Teil kann die Beurteilung vom Prüfer auch von der Personenchemie zwischen den beiden beeinflusst werden. Die Prüfung besteht, wie gesagt, aus den Momenten, die schon geübt worden sind. Der Prüfer kann aber den verschiedenen Momenten unterschiedliche Bedeutung geben. Das liegt auch am Prüfungsgebiet. Mitten in einer Großstadt ist es selbstverständlich, dass dichter Stadtverkehr vorkommen wird. Das Gegenteil gilt für ländliche Gegenden. Hier kann zwar auch die Verkehrsdichte steigen, aber es wird nicht so schlimm werden wie in der City. Wichtig ist auch die Handhabung des Fahrzeuges. Die üblichen Turnübungen werden durchgefahren und wer sich bei diesem Moment unsicher fühlt, sollte lieber bei der Fahrschule um extra Zeit bitten, auch wenn es mehr kostet. Diese Kosten können unter Umständen einen verpatzten Prüftermin, einen Urlaubstag und eine lange Wartezeit auf den nächsten Termin wett machen. Der wichtigste Punkt bei der Prüfung ist für den Prüfer zu sehen, dass der Neuling sich im Sattel wohl fühlt, dass er vor dem Fahrzeug und dem Verkehr keine Angst zeigt. Die Beherrschung eben. Dass er ohne große Erfahrung kein meisterhaftes Fahren hinlegen kann, ist selbstverständlich. Wer sich aber ruckartig im Verkehr bewegt oder bei Kreuzungen große Unsicherheit zeigt, kann mit sehr viel Kritik rechnen. Es geht schließlich um die Sicherheit, die eigene und die der anderen Verkehrsteilnehmer, und da darf man keine Risiken eingehen. Das weiß auch der Prüfer. Er ist da, um zu sehen, dass keine unsicheren Fahrer in den Verkehr losgelassen werden. Welche Dokumente vor dem Test nötig sind, teilt die Fahrschule mit. Dazu gehören wird aber unter anderem ein Foto für den später ausgestellten Schein. Diese Praxis hat aber den Vorteil, dass nach bestandener Prüfung die Fahrerlaubnis sofort mitgegeben wird. Und dann steht dem eigenen Fahrgenuss nichts mehr im Wege!

Sicherheits-
Training

Ein Sicherheits-Training hält für Jeden etwas bereit – ob Sie Ihren Führerschein gerade bestanden haben, bereits jahrelang fahren oder nach einer Pause zum Motorradfahren zurückkehren.

Wenn die Tinte unter Ihren Motorrad-Führerschein kaum trocken ist, werden Sie sich fragen, warum Sie überhaupt noch mehr Unterricht nehmen sollten. Schließlich haben Sie gerade erfolgreich einen ganzen Wust von Kenntnissen erworben und gezeigt, dass Sie wissen, was Sie tun, vielen Dank. Aber ausgelernt hat man deshalb noch lange nicht, erst die Erfahrung macht den guten Fahrer. Sie können den Prozess beschleunigen und gleichzeitig ein schneller und sicherer Fahrer werden, wenn Sie zum Beispiel an einem Sicherheits-Training teilnehmen.

Falls Sie nach einigen Jahren Pause wieder in das Motorradfahren hineinkommen möchten, können Sie schnell wieder den Kontakt zu den wahrscheinlich schneller gewordenen Bikes aufnehmen, wenn Sie zusätzlich Unterricht nehmen. Fahrer, die bereits jahrelang auf der Straße sind, können aber ebenfalls davon profitieren.

Es gibt eine große Anzahl von Organisationen, die Sicherheits-Trainings anbieten, und Sie werden einen Kurs finden, der Ihrem aktuellen Kenntnisstand entspricht. Zur Zeit gibt es kaum Vorschriften für Organisationen, die Sicherheits-Trainings anbieten. Lassen Sie sich am besten von den Empfehlungen anderer Fahrer, Motorradmagazinen und -händlern leiten.

Viele Kurse werden von Ex-Polizeifahrern und Fahrlehrern betrieben. Ein guter Lehrer wird die Geschwindigkeit, mit der Sie lernen und fahren möchten, sensibel einschätzen, und wird Ihnen dabei helfen, sich auf die Bereiche zu konzentrieren, in denen Sie sich verbessern möchten. Falls das Schüler-Lehrer-Verhältnis größer als Eins ist, ein Lehrer also mehrere Schüler hat, wird ein guter Kurs sicherstellen, dass Schüler mit vergleichbaren Fähigkeiten mit einem Lehrer arbeiten. Auf diese Weise wird niemand einer Gruppe hinterherfahren, und niemand wird empfinden, dass er von der Gruppe aufgehalten wird.

Der wichtigste Punkt des fortgeschrittenen Trainings ist die Beobachtung und dass man lernt, den angemessenen Fortschritt unter jeglichen Bedingungen zu machen. Sie werden an den Steuerungstechniken Ihrer Maschine feilen, damit Sie schneller und sicherer um die Kurve fahren und überholen und die Bremsen optimal einsetzen können. Und je mehr dies Alles zu Ihrer zweiten Natur wird, desto mehr Spaß werden Sie mit einem Bike haben.

Mit sauberen Anweisungen können Sie die Techniken in einem Tag oder zwei Tagen lernen, für die Sie sonst unter Umständen jahrelang brauchen, um sie sich selbst beizubringen. Haben Sie die fortgeschrittenen Techniken einmal gelernt, dann werden Sie sie bei jeder Fahrt anwenden. Nehmen Sie jede Fahrt als Gelegenheit, an Ihren Fähigkeiten und Ihrer Technik zu feilen.

Fahrer- oder Sicherheits-Trainings machen Sinn, weil ein erfahrener Instruktor schnell Korrekturen am eigenen Fahrstil anbringen kann. Eine theoretische Einweisung in die Fahrphysik gehört zu beinahe jedem Lehrgang.

Hier setzt ein Rennstrecken-Neuling das theoretisch Gelernte in die Praxis um. Die gewonnenen Erfahrungen lassen sich auch im Straßenverkehr nutzen.

Sie denken, Sie sind schnell? Entdecken Sie die Grenzen Ihres Motorrads und Ihrer Fahrkünste anlässlich eines Renntrainings. Sie werden danach in der Lage sein, auf anspruchsvolle und berühmte Rennstrecken zu gehen, ohne die gewaltigen Verpflichtungen an Zeit und Geld eingehen zu müssen, die ein richtiges Rennen erfordert.

Renn-**Training**

Brands Hatch   *Castle Combe*   *Cadwell Park*

Auf der Rennstrecke braucht man einen zugelassenen **Helm**

Rennhandschuhe verleihen Sicherheit und ein gutes Gefühl am Lenker.

Eine gute **einteilige Lederkombi** sollte es auf der Rennstrecke schon sein.

Je nach Fahrstil verschleißt man auf der Rennstrecke schon ein Paar **Knieschleifer** pro Tag.

Gute **Stiefel** sind wichtig: Sie schützen die empfindlichen Fußgelenke.

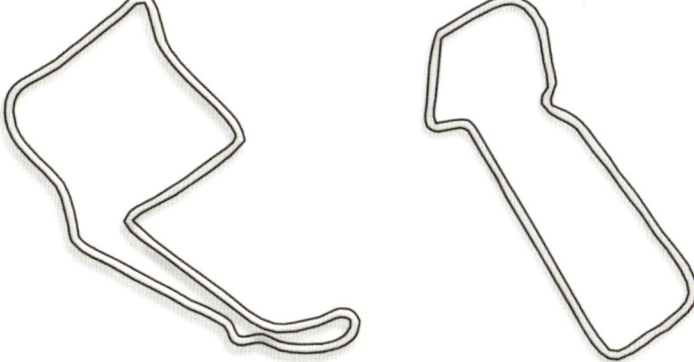

Oulton Park   Snetterton

Die Beliebtheit von Renntrainings hat zu einer wachsenden Industrie geführt, die praktisch ganzjährig und landesweit Veranstaltungen anbietet.

Außer sich selber und das Motorrad braucht man einen einteiligen Lederkombi oder einen mit Reißverschluss zusammengehaltenen Zweiteiler guter Qualität (siehe Seite 50), einen Helm (Seite 48), Handschuhe (Seite 54) und Stiefel (Seite 56). Sie werden möglicherweise dazu aufgefordert, Leuchten, Blinker und Spiegel abzukleben. Die meisten Veranstalter verlangen von Ihnen, Ihren Führerschein vorzuzeigen, wenn Sie sich für eine Veranstaltung einschreiben, damit bewiesen wird, dass wenigstens eine Idee davon haben, wie man ein Motorrad fährt. Das ist eine Bedingung, die ihnen die Versicherer auferlegt haben. Sie werden gebeten, ein Selbstverpflichtungs-Formular auszufüllen, damit die Haftung der Veranstalter begrenzt wird, indem Sie erklären, dass Sie die Natur der Veranstaltung verstanden haben und dass Sie ausreichend fit sind, um daran teilnehmen zu können. Vergessen Sie nicht, mit Ihrer eigenen Versicherung abzuklären, dass Ihr Versicherungsschutz auch für Renntrainings gilt. Falls das nicht der Fall ist, vereinbaren Sie eine zusätzliche Abdeckung, nur für den Fall, das das Schlimmste passiert.

Während der meisten Renntrainings werden die Fahrer in Gruppen eingeteilt, abhängig von Fähigkeit vom Neuling (langsam) bis zum Fortgeschrittenen (in der Nähe der Renngeschwindigkeit). Wählen Sie die Gruppe, in der Sie sich am wohlsten fühlen. Falls Sie sich dabei ertappen, nur Kreise um jeden in der langsamen Gruppe zu fahren, dann müssen die Veranstalter Sie aufwärts einstufen. Es ist besser, klein anzufangen, als in einer Gruppe zu starten, in der es zu schnell vorangeht, in der Sie von schnelleren Fahrern gestört werden, die um Sie herum lärmen, und Sie und Ihr beschädigtes Selbstvertrauen eine Klasse herabziehen.

Bevor die Fahrt auf dem Rennkurs beginnt, wird Ihnen eine Einführung gegeben, um zu erläutern, wie die Strecke verläuft und was die unterschiedlichen Flaggen der Streckenposten bedeuten. Beginnen Sie jede Fahrt langsam und geben Sie Ihren Reifen Zeit, sich aufzuwärmen. Die meisten Unfälle passieren mit kalten Reifen, wenn der Fahrer zu Beginn der Fahrt etwas leichtsinnig ist. Nutzen Sie die frühen Fahrten zum Kennenlernen des Streckenverlaufs und der besten Linien durch die Kurven.

Die Gruppen gehen normalerweise 15 bis 20 Minuten lang gleichzeitig auf die Strecke. Das klingt nicht sehr lang, aber das ist lang genug, wenn Sie konzentriert sind und eine Menge körperlicher Energie anwenden. Der härteste Teil ist das Warten, bis Ihre Gruppe wieder an der Reihe ist, hinauszufahren.

Ordentlich herangeführt, werden Renntrainings Ihre Kontrolle über die Maschine verbessern, was Ihren Fahrkünsten und Ihrem Fahrspaß nur zugute kommen kann. Schauen Sie für mehr Infos in die Motorradpresse und ins Internet. Und seien Sie gewarnt: Renntrainings machen süchtig…

Helme

Zuoberst auf der Einkaufsliste für die Garderobe des angehenden Zweiradfahrers soll ein geeigneter und guter Helm stehen. Er ist in fast allen Ländern auf der Welt Vorschrift, macht aber auch so einen Sinn. Auch bei den geringen Geschwindigkeiten, die mit einem 50er zu erreichen sind, kann ein Schlag an den Kopf eine sehr ernste Sache sein. Das ist keine Panikmache, sondern reine Tatsache.

Alle guten Helme sind ECE-geprüft, es gibt zudem noch nationale Qualitätssiegel.

Zu oberst auf der Einkaufsliste für die Garderobe des angehenden Zweiradfahrers soll ein geeigneter und guter Helm stehen. Er ist in fast allen Ländern auf der Welt Vorschrift, machen aber auch so einen Sinn. Auch bei den geringen Geschwindigkeiten, die mit einer 50er zu erreichen sind, kann ein Schlag an den Kopf eine sehr ernste Sache sein. Das ist keine Panikmache, sondern Tatsache. Moderne Helme schützen, indem sie den Anschlag auffangen und so viel der Kraft wie möglich absorbieren und verteilen. Ein Helm guter Qualität, der auch passt, ist ein Muss, weil er unter Umständen Leben rettet. Viele Rollerfahrer bevorzugen einen offenen Helm, einige wegen der Optik, einige wegen der guten Rundumsicht, die besser als bei Integralhelmen ist. Im dicksten Stadtverkehr kann das vom Vorteil sein, einer Umgebung, wo die meisten Roller bewegt werden. Ein Schutz für die Augen ist aber auch hier notwendig. Eine Brille irgendeiner Art, entweder eine fest schließende oder eine Sonnenbrille, schützen die Augen gegen Insekten, Staub oder aufgewirbelte Steine. Idealerweise besteht sie aus Plastik, nicht aus Glas. Sie mindert auch den Luftzug, der die Sicht beeinträchtigen kann.

Die meisten Motorradfahrer aber bevorzugen das Gefühl von Sicherheit und Wärme, das ein Integralhelm bietet. Mit schließbarem Visier und Kinnprotektor schützen solche Helme bei einem Aufprall nicht nur Gesicht und Kinn, sondern auch die Augen. Der beste Helm nützt nichts, wenn er nicht fest sitzt. Der Kinnriemen ist entweder mit einem Doppelring gesichert oder mit einem Steckschloss wie beim Sicherheitsgurt im Auto. Der Vorteil der ersten Ausführung ist, dass der Riemen jedesmal fest, aber bequem festgezogen werden kann. Das Steckschloss muss das erste Mal zu einer korrekten Position eingestellt werden und dann regelmäßig justiert werden, um den richtigen Halt zu behalten. Die Helmschale und das Innenpolster sind die Schlüsselelemente der Helmkonstruktion. Die äußere Schale nimmt den ersten Aufprall auf und schützt gegen Reibungskräfte oder das Eindringen fester Gegenstände. Die billigsten Helme haben meistens Schalen aus Thermoplast (oft als Polykarbonat bezeichnet), obwohl auch einige teure Helme aus dem gleichen Material sind. In der oberen Preiskategorie finden wir Schalen mit Kompositmaterialien, aus GFK, Kohlefaser oder Kevlar. Die stoßabsorbierende Innenseite besteht aus gespritztem Polystyrol und soll den Aufprall aufnehmen. Sie gibt dabei kontrolliert nach, wird komprimiert und ist anschließend deformiert. Deshalb ist es wichtig, einen Helm, der in einem Unfall verwickelt war oder auf den Boden gefallen ist, auszutauschen. Die Passform ist A und O. Ein zu kleiner Helm wird schnell unbequem und kann die Aufmerksamkeit negativ beeinflussen. Eine gute Passform bedeutet, den Druck vom Helm auf dem ganzen Kopf zu verteilen, ohne merkbare Ungleichmäßigkeiten. Fühlt er sich unbequem, sollen Sie einen anderen probieren.

Ein Integralhelm bietet den besten Schutz.

So ein Moto-Cross-Helm sieht einfach cool aus.

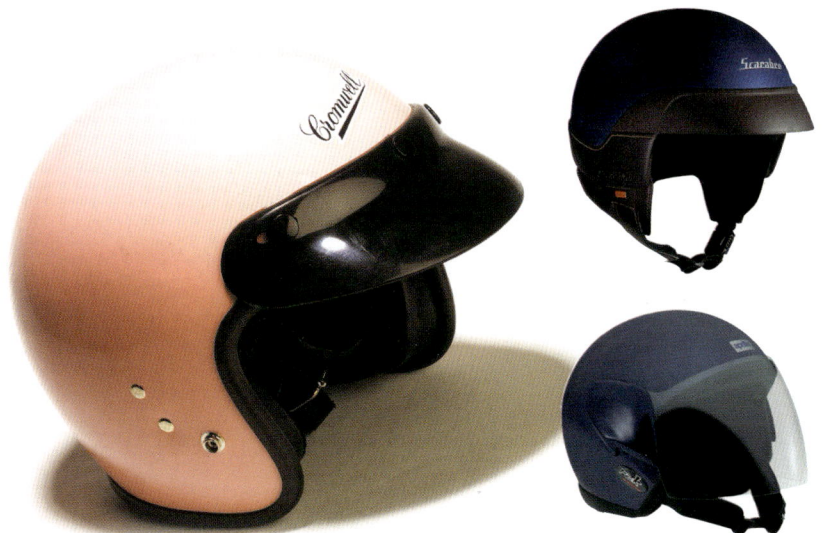

Roller- und Klassikerfahrer bevorzugen Jet-Helme.

Heutzutage werden viele ausgezeichnete, High-Tech-Kunstfaser-Materialien in der Motorrad-Kleidung verwendet. Wenn es aber um den Schutz bei Unfällen geht, besonders um den Schutz vor Abrieb, gibt es nichts Besseres als die gute alte Lederkleidung – insbesondere wenn darin Protektoren auf dem Stand der Technik eingetzt sind. Im Jahr 1995 wurde ein EU-Gesetz eingeführt, das man "Personal Protective Equipment (PPE)"-Vorschrift nannte, und das die Garantie dafür bietet, dass Ihre Lederkleidung das tun wird, was Sie von ihr erhoffen. Lederkleidung darf solange nicht als Schutzkleidung – im Gegensatz zu lediglich modischen Sachen – in Europa verkauft werden, solange ihr Design und ihre Konstruktion nicht einer europäischen Norm oder einem ähnlichen genehmigten Prüfverfahren genügen. Sie müssen eine EU-Prüfung bestanden haben. Die Hersteller müssen auch EU-genehmigte Qualitätskontrollprozesse an Ort und Stelle haben. Nur dann kann die Lederkleidung ein CE-Etikett tragen.

Leder-**Kombi**

Ganz links ein Zweiteiler aus der Aprilia-Palette: Jacke und Hose werden von einem Reißverschluss zusammengehalten. Der Einteiler von gleichen Hersteller bietet weniger Komfort im normalen Motorradleben, ist aber sicherer.

Dieser Kombi von Spyke gehört zu den Top-Produkten.

Leder eignet sich zwar gut, um darauf zu rutschen, es besitzt jedoch nur geringen Schutz gegen einen harten Aufprall. Deshalb muss es ordentlich an den Aufprallpunkten geschützt werden – Schultern, Ellenbogen, Rücken, Hüften und Knie. Einige billige Lederkleidung hat in diesen Bereichen Schaumpolsterung. Das wird bei einem Unfall nicht viel helfen. Das kann nur eine ordentliche Ausstattung mit Protektoren leisten, die darauf ausgelegt sind, einen Teil der Aufprallenergie zu absorbieren.

Die Protektoren werden in der Regel aus zwei oder mehr Materialien gefertigt – eine harte äußere Schicht aus dichtem Schaum oder Kunststoff und einer weichen inneren. Die äußere Schicht verteilt die Last auf die innere, die den Aufprall abfedert. Annehmbare Schützer finden den Mittelweg zwischen zu hart – was nur dazu dient, den Aufprallschock auf den Körper abzulenken, und zu weich, was dasselbe bewirkt.

Wie bei der Lederkleidung mit integrierten Schützern (Protektoren) gibt es EU-Normen für Schützer, die als Schutzausrüstung verkauft werden, so dass das CE-Etikett eine gewisse Garantie für die Schutzwirkung versprechen. Mehr Einzelheiten zu Schutzkleidung und Schutzzubehör finden Sie auf Seite 62.

Mit der Absicht im Kopf, sich anständige Lederkleidung anzuschaffen, gilt es noch eine weitere Aus-

wahl zu treffen – Einteiler oder Zweiteiler? Ein Einteiler verleiht Ihnen sofort einen Rennchic, aber anders als bei einem Zweiteiler können Sie nicht einfach die Jacke ausziehen, wenn Sie Ihr Ziel erreicht haben. Zweiteiler werden in der Regel von einem Reißverschluss zusammengehalten, und je weiter sich der Reißverschluss um Ihre Taille erstreckt, desto besser wird er im Fall eines Sturzes zusammenhalten.

Einteilern spricht man im allgemeinen die beste Schutzwirkung zu. Das ist allerdings nicht immer der Fall – es gibt gute und schlechte Anzüge in jeder Kategorie. Schauen Sie nach versteckten, doppelten Schichten von guter Qualität und Protektoren an Aufprallpunkten.

Falls Ihre Lederkleidung nass wird, lassen Sie sie auf natürliche Weise trocknen, sonst werden das Material und die Nähte geschwächt. Sollte sie schmutzig geworden sein, dann reinigen Sie sie mit einer milden Reinigungs-Lösung und, noch einmal, lassen Sie sie auf natürliche Weise trocknen. Es gibt zahlreiche Lederpflegemittel auf dem Markt. Wenden Sie diese Mittel sparsam an. Und lassen Sie sich nicht in Versuchung führen, wasserdichte Lösungen zu verwenden. Tragen Sie wasserdichte Kleidung (Seite 58) über der Lederkleidung, wenn sich die Himmelsschleusen öffnen.

Noch ein Zweiteiler: Für normale Motorradfahrer sicher die beste Wahl.

Textil-**Kombi**

Eine Textiljacke kann durchaus auch chic aussehen.

Der Gürtel verhindert, dass die Jacke im Fahrtwind flattert.

Jede Menge Protektoren in dieser Jacke: Gut!

Bei einem Textilanzug sollte man darauf achten, dass man die Jacke am Hals winddicht verschließen kann. Die Außentaschen sollten mit einer Klappe zusätzlich abgedeckt sein, damit das Regenwasser draußen bleibt.

Auch hier eine Menge Protektoren und eine Tasche fürs Handy.

Leder stellt vielleicht das Höchste beim Unfallschutz dar, aber abgesehen vom Wind hat es Mühe, andere Elemente abzuhalten. An dieser Stelle kommen Stoffjacken und -hosen zu ihrem Recht.

Es gibt ein riesiges Angebot an Textilkleidung zu allen Preisen. Dabei ist der Preis nicht immer ein Zeichen, wieviel Wasser/Wind/Unfall-Schutz sie bietet. Aber Eigenschaften wie Schützer, Wärme- und wasserdichtes Futter aus Materialien des Zeitalters der Raumfahrt und Eigenschaften wie Taschen und Belüftungsschlitze neigen dazu, den Preis in die Höhe zu treiben.

Dass die Keidung passt, ist das Wichtigste. Die Jackenärmel müssen so lang sein, dass sie nicht bei ausgestreckten Armel zu kurz werden, ebenso wenig der Rücken und die Hosenbeine, wenn Sie in der Fahrposition hocken. Falls Sie die Jacke über Winter-Schichten oder Leder-Einteilern tragen möchten, muss sie geräumig, aber idealerweise nicht sackig sein, so dass sie herumflattert, wenn das wärmende Futter an warmen Tagen entfernt wird. Hosen und Jacken, die mit Reißverschlüssen zusammengehalten werden, sollte man denen vorziehen, die keinerlei Verbindung haben, nicht nur aus Wärmegründen, sondern auch um zu verhindern, dass sie ihren Zusammenhalt verlieren und Ihr Fleisch bei einem Unfall bloßstellen. Einstellbare Riemen am Kragen, an der Taille, an den Handgelenken, an den Ellenbogen und den Knöcheln helfen dabei, die beste Passung zu sichern. Klappen über den Reißverschlüssen helfen dabei, Wind und Wasser abzuhalten, und überprüfen Sie, dass die Druckknöpfe an der Taille und im Schritt gummibeschichtet sind, damit sie die Lackierung des Tanks nicht beschädigen.

Protektoren, vorzugsweise CE-zugelassen, sind in vielen Stoff-Jacken und -Hosen befestigt und in der Regel abnehmbar, damit die Kleidungsstücke über der Lederkleidung getragen werden können, die ebenfalls Protektoren enthalten. Wenn Sie Jacken und Hosen anprobieren, sollten Sie sicherstellen, dass die Protektoren nicht so locker sind, dass sie sich hin- und herbewegen können. Sie müssen fest anliegen, anderenfalls machen sie bei einem Unfall nicht viel Sinn.

Wie bei Lederkleidung sind Doppelnähte und -schichten von Vorteil an Aufprallstellen wie Ellbogen und Hinterteil. Textilien fehlt in der Regel die Haltbarkeit von Leder, deshalb ist es eine sichere Sache, dass schon bei Stürzen mit niedrigen Geschwindigkeiten Löcher hineingeschliffen werden.

Die meisten modernen Jacken und Hosen besitzen eine wasserdichte Membran unter der Außenhaut – halten Sie Ausschau nach Gore-Tex oder Sympatex-Etiketten. Diese Stoffe halten Feuchtigkeit ab und erlauben, dass Schweiß entweicht.

Welcher Körperteil trifft bei einem
Sturz den Boden zuerst? Richtig,
die Hände! Das ist einfach eine
instinktive Reaktion. Handschuhe
gehören zu den wichtigen Sicher-
heitsdetails, und dafür gibt es gute
Gründe.

Handschuhe

Nach dem Helm stehen gute Handschuhe an der zweiten Stelle auf der Einkaufsliste. Grundregel ist, dass die Handschuhe die Bedienung des Motorrads nicht beeinträchtigen. Da sind Lederhandschuhe die beste Alternative. Leder passt sich der Hand an, ohne die Bewegungsfreiheit einzuschränken. Wichtige Stellen sollten eingenähte Verstärkungen vorweisen, mit doppelter Naht und doppeltem Leder, oder Protektoren, wie in der Handfläche oder über den Knöcheln. Genau wie bei anderen Kleidungsstücken kommen bei Handschuhen auch die üblichen High-Tech-Materialien wie Kevlar, Cordura und Thinsulate vor, sie dienen dem Wetterschutz wie auch der Sicherheit. Dass der Handschuh warm halten soll, ist von großer Bedeutung, da kalte Hände Bedienhebel und Schalter nur schwer betätigen können. Moderne Handschuhe sind oft eine Kombination aus Leder und modernem High-Tech-Material, bei anderen fehlt Leder ganz. Hat der Handschuh als Abdichtung einen Klettverschluss ums Handgelenk und Stulpe? Wenn diese festgezogen und gesichert sind, bleibt der Handschuh auch bei einem Sturz sitzen. Mit wechselnden Jahreszeiten wechselt auch der Bedarf. Sommerhandschuhe geben optimales Gefühl und die höherwertigen Exemplare auch einen sehr guten Schutz. Bei Regen oder Kälte sind sie aber nichts. Wasser- und winddichte, aber atmungsaktive Handschuhe gibt es jetzt für alle Wetterverhältnisse, und sie halten auch an kalten Tage die Kälte ab. Sind die Lederhandschuhe nass geworden, gilt das gleiche wie für andere Kleidungsstücke, langsam trocknen lassen, nicht auf dem Heizkörper oder im Trockner. Anschließend wieder gut einfetten. Bei der Suche nach Handschuhen soll die Passform samt Jacke überprüft werden. Ist die Stulpe weit genug und passt über den Ärmel? Oder unten drunter? Niemals ohne Handschuhe fahren, nicht einmal am heißesten Tag des Sommers! Aufgerissene Handflächen brauchen eine Ewigkeit, bevor sie abgeheilt sind. Und tun höllisch weh!

Gute Rennhandschuhe mit Knöchelschutz und langer Stulpe.

Diese Rennhandschuhe sind vielleicht ein bisschen kurz ausgefallen.

Diese Spidis kommen mit jeder Menge Kevlar und Carbon, leider fehlen die Riemen, die den Handschuh beim Sturz an der Hand festhalten.

Doppeltes Leder an den entscheidenden Stellen verbessert die Sicherheit.

Stiefel

Ordentliche Motorrad-Stiefel sind
wichtige Teile Ihrer schützenden
Kleidung. Sie sollen nicht nur die
Füße, sondern auch die Knöchel
und die Unterschenkel schützen,
die besonders verwundbar sind.

Leder ist noch das gebräuchlichste Material für Motorrad-Stiefel, aber genau wie bei der Kleidung werden auch viele High-Tech-Stoffe verwendet – und nicht nur für die Futter.

Stiefel im Rennstil sind im allgemeinen mit Aufprallschutz in den Schienenbein-, Knöchel-, Waden- und Hacken-Bereich ausgestattet. Um zu verhindern, dass sie sich beim Sturz verbiegen, sind die Sohlen häufig mit Metall- oder Kunststoff-Einsätzen verstärkt, die allerdings immer noch nachgeben, wenn der Fahrer damit läuft. Reißverschlüsse sind normalerweise mit einem Klettverschluss verdeckt, damit sie sich bei einem Aufprall nicht öffnen können und möglicherweise der Stiefel wegfliegt.

Reine Rennstiefel sind mit Zehen- und Waden-Schützern ausgestattet und ausreichend flexibel, damit das Laufen leicht fällt. Es gibt jedoch eine Faustregel, die besagt, dass der Grad der Schutzfunktion eines Stiefels umgekehrt proportional zu seiner Bequemlichkeit beim Laufen auf der Straße ist. Das stimmt zwar nicht immer, Sie würden aber sicherlich nicht in Motocross-Stiefeln wandern.

Stiefel im Touring-Stil stellen eher einen Kompromiss dar. Viele bieten einen guten Schutzfaktor mit dem zusätzlichen Bonus einer gewissen Wasserdichtigkeit, obwohl manche Sportstiefel auch bereits darüber verfügen. Touring-Stiefel sind im allgemeinen auch ohne Motorrad ziemlich bequem.

Winter-Stiefel gehen noch weiter, weil sie auch eine Isolation bieten. Genau wie bei Handschuhen ist das wichtig bei Fahrten im Winter. Die meiste Körperwärme geht durch die Extremitäten verloren. Außer dass sie unangenehm ist, kann Kälte zu verminderter Konzentration oder Schlimmerem führen, besonders wenn man den Wind-Chill-Faktor, das stärkere Kälteempfinden bei Wind, mit berücksichtigt.

Die meisten Fahrer haben am Ende verschiedene Stiefelpaare, um damit für die Jahreszeiten und die Art der Fahrten, die sie unternehmen, abdecken zu können.

Die meisten Tourenstiefel sind heutzutage wasserdicht.

Moto-Cross-Stiefel: Sehr sicher, aber beim Laufen auch sehr steif und unbequem.

Renn-Stiefel bieten optimalen Schutz.

Manche Motorräder, vor allem die mit Verkleidung, bieten einen verhältnismäßig guten Wetterschutz. Trotzdem kommt man nicht um die Erkenntnis herum, dass Regen das Leben für den Fahrer äußerst unangenehm machen kann.

Wasserdichtes

Heute ist bei Regenbekleidung Nylon-Material üblich, was den Vorteil hat, dass der Overall klein zusammenfaltbar und einfach mitzunehmen ist. Heute wird dank moderner Funktionsmaterialien zudem atmungsaktive Kleidung hergestellt, wasserdicht aber atmungsaktiv, ein Vorteil an warmen Tagen oder bei weiteren Strecken. Manche haben zudem ein Innenfutter, das für eine zusätzliche Wärmeisolierung sorgt. Reflexstreifen bringen mehr Sicherheit im Dunkeln. Die Nähte sollen innen abgedichtet sein, um das Wasser außen zu halten, und die Reißverschlüsse außen von Laschen bedeckt, damit durch die Öffnungen kein Wasser dringen kann. In vielen Fällen passiert das trotzdem, und nichts ist unangenehmer als ein regennasser Schrittbereich. Die Öffnungen selber sollen groß genug sein, um das Ein- und Aussteigen zu erleichtern, wenn es eilig ist. Der Regenanzug soll groß genug sein, damit die übliche Fahrerausstattung unten drunter bequem Platz findet. Die Bewegungsfreiheit muss gewährleistet sein, aber der Anzug soll nicht so groß sein, dass er im Wind wie ein Segel flattert. Klettverschlüsse an Hand- und Fußgelenk sollten ebenso sein wie am Hals, um eine bestmögliche Abdichtung zu garantieren und Wasser fern halten. Wasserdichte Überstiefel und Handschuhe sind im Handel erhältlich und sind ihr Geld wert, sollte man unterwegs vom Regen überrascht werden. Sie nehmen nicht viel Platz weg und müssten eigentlich in den Stauraum der meisten Motorräder passen.

Auch Regenkombis können mit Protektoren ausgestattet sein. sie können dann auch mal ohne Leder unten drunter gefahren werden.

So ein dünner Regenkombi passt in jedes Gepäckfach.

Warmes

Es ist kein reizvolles Thema, aber bitte nicht voreilig weiterblättern! Gerade haben Sie die überfüllten, überhitzten Verkehrsmittel gegen die Freiheit auf zwei Rädern getauscht, aber dafür kann Kälte tatsächlich zu einem großen Problem werden.

So eine Sturmhaube nimmt man besser ab, bevor man eine Bank betritt.

Gesichts- und Halsmaske.

Dieses Ding hält Hals und Brust warm.

Thermo-Handschuhe zum Drunterziehen.

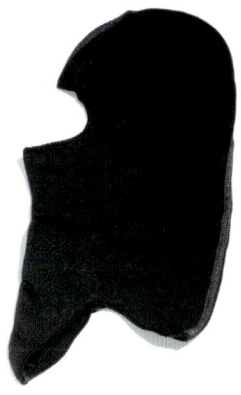

Sturmhaube, die den Hals mit warm hält.

So ein Fleece-Teil kann im Winter sehr angenehm sein.

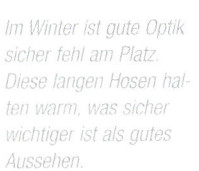

Im Winter ist gute Optik sicher fehl am Platz. Diese langen Hosen halten warm, was sicher wichtiger ist als gutes Aussehen.

Kaltes Wetter ist einer der größten Feinde des Zweiradfahrers. Die Konzentration wird gestört; die Kontrolle über Bremshebel und Gas ist weniger exakt. Schon bei Temperaturen knapp über Null kann durch den Fahrtwind die gefühlte Temperatur schnell unter Null sinken: der Windchill-Effekt. Bei Kälte unterwegs zu sein, kann richtig miserabel sein. Mit der richtigen Ausstattung muss aber auch in der kalten Jahreszeit das Fahren keine große Herausforderung darstellen. Gute Thermounterwäsche ist in den meisten Kleidungsgeschäften zu finden. Spezielle Unterwäsche wird im Sporthandel vertrieben, hin und wieder auch in Motorradläden. Naturmaterialien sind gut, bis sie nass werden, egal ob vom Schweiß oder Regen. Sie halten die Feuchte, was wiederum das Kältegefühl konserviert. Seide ist leicht und dünn und funktioniert besser als Wolle oder Baumwolle. Synthetische Kleidung hält die Temperatur, was sehr schnell unkomfortabel wird. Ein weiteres Problem ist, dass synthetischer Stoff bei einem eventuellen Sturz auf der Haut schneller Abschürfungen und Brandwunden verursacht als Naturstoffe. Hersteller von Spezialkleidung kennen das leidige Problem, eine gleichmäßige Körpertemperatur zu halten, und bieten deshalb verschiedene Produkte an, um dieses Problem zu lösen. Einige Produkte benutzen eine Kombination von Natur- und Kunstfaserstoffen. Sie halten warm oder kühl, nach Bedarf, kanalisieren und leiten die Feuchte nach außen. Ein Halswärmer ist an kalten Tagen eine große Hilfe, um die Lücke zwischen Hals und Jacke abzudichten.

Protektoren

Leder und Kunstfaser-Anzüge bieten unterschiedlichen guten Schutz vor Abrieb, aber sorgen nicht für den Aufprallschutz des Fahrers. An der Stelle kommen Schützer (Protektoren) ins Spiel. Sie können den Unterschied zwischen einer ernsthaften Verletzung und simplem Aufstehen nach einem Sturz ausmachen.

Dieser Protektor schützt im Falle eines Falles den gesamten Rückenbereich.

Eine einfache Schaumstoffpolsterung bietet wenig bis gar keinen Schutz. Ein ordentlicher Protektor variiert in der Härte. Ist er zu unnachgiebig, dann überträgt er den Aufprallschock direkt auf den Körper. Ist zu weich, dann geschieht genau das Gleiche. Ein guter Protektor bewegt sich zwischen diesen Extremen und hat häufig härtere (außen) und weichere (innen) Elemente, weil er den Anfangsstoß aufnehmen muss, um sich dann zu verformen, um den Schlag möglichst stark zu mildern. Das ist ähnlich dem, was mit einem Helm beim Unfall geschieht (siehe Seite 48), wobei das harte Äußere den Anfangsschlag aufnimmt und verhindert, dass Gegenstände den Helm durchlöchern, und das weiche verformbare Innere federt den Aufprall ab. Theoretisch verlangsamt dann das Innere des Helms den Kopf des Fahrers bis zum Halt.

Protektoren, die als Schutzausrüstung verkauft werden, müssen die CE-Tests bestanden haben und tragen ein entsprechendes Etikett, genauso wie Lederkleidung. Schauen Sie nach dem Etikett, dann haben Sie wenigstens die Gewissheit, dass Ihr Geld in etwas angelegt ist, das bestimmte Grundstandards erfüllt. Ein guter Protektor ist so konstruiert, dass er weniger als 30 Prozent der Aufprallkraft passieren lässt. Wie bei den Helmen ersetzen Sie jeden Protektor, der einen Schlag während eines Unfalls mitbekommen hat. Das ist ziemlich einfach bei den meisten Fahranzügen, da die Protektoren in Taschen des Futters untergebracht werden.

Überprüfen Sie, ob die Protektoren in jedem Anzug, den Sie zu kaufen beabsichtigen, an der richtigen Stelle sitzen – nicht nur da wo er sitzen soll (Knie, Hüfte, Ellenbogen, Schultern und Rücken), sondern auch, wie er zu Ihrem Körper passt.

Viele Fahrer tragen einen Rückenschutz, um sich sicherer zu fühlen. Aus Gründen der Bequemlichkeit müssen Sie in diesem Fall den Protektor in Ihrem Anzug entfernen, falls vorhanden. Diese Protektoren wurden zunächst für den Rennsport entwickelt.

Solche Protektoren findet man in vielen Kombis.

Moto-Crosser benützen diese Protektoren.

Versicherung

Jedes Motorrad im öffentlichen Verkehr muss, wie alle motorisierten Fahrzeuge, versichert sein. Ohne Versicherungsnachweis kann es, unabhängig von Größe und Steuerklasse, nicht angemeldet werden. Auch wenn das Ding im Winter in der Garage parkt, ohne benutzt zu werden, kann es eine gute Idee sein, eine Diebstahlversicherung zu haben. Allerdings nur, versteht sich, wenn es mehr wert ist, als die Versicherung kostet.

Es gibt drei Arten von Versicherung: Haftpflichtversicherung, Teilkasko (oder Fahrzeugversicherung) samt Vollkasko. Die Prämien steigen mit jeder Stufe dieser Wahlmöglichkeiten. Die Haftpflichtversicherung schützt Verkehrsgegner vor den Folgen eines Unfalls, der mit dem eigenen Motorrad verursacht worden ist. Der Roller oder Sie selbst sind bei dieser Versicherung nicht gedeckt. Brand- oder Diebstahlschaden werden auch nicht berücksichtigt. Mehr Schutz hat der Versicherungsnehmer, wenn er den Schutz auf Teilkasko erweitert. Auch wenn Motorräder sich nicht regelmäßig selbst entzünden oder explodieren, ist Zerstörung durch Feuer Teil dieses Schutzes. Auch im Falle eines Diebstahls, oder bei Folgeschäden eines Diebstahlversuchs, wird eine gewisse Summe ausbezahlt. Dies setzt aber voraus, dass die im Brief beschriebenen Schutzmaßnahmen erfüllt sind. Es kann sich dabei um Garage, Schloss oder Wegfahrsperre handeln. Bei der meist sehr teuren Vollkasko-Versicherung ist das eigene Fahrzeug geschützt, nicht aber der Fahrer. Sollte der Unfall selbst verschuldet sein, kann der Versicherer unter Umständen ebenfalls Schwierigkeiten machen. Die Versicherungskosten können unter Umständen die Kaufentscheidung mit beeinflussen. Die billigste Kategorie ist im Prinzip die so genannte Moped-Kategorie, lassen wir bei dieser Betrachtung einmal die Kategorie der Mofas außer Acht. Mofas dürfen maximal 25 km/h laufen, sind aber dafür für 15-jährige zugelassen. Die Moped-Kategorie dagegen erlauben, nach Fahrzeug bedingten Faktoren, Spitzengeschwindigkeiten zwischen 45 und 60 km/h. Hierfür wird der billigere Führerschein Klasse M verlangt, dafür aber eine Haftpflicht-Prämie von im Schnitt 70 Euro unter deutschen Anbietern. Hier schwankt der Preis und es lohnt sich, mehrere Anbieter anzurufen. Teurer wird es für die Kategorie der 16-Jährigen, die bei 100 Prozent mit Prämien von bis zu 500 Euro jährlich zu rechnen haben, allein für die Haftpflicht! Nur wenn ein Versicherungsvertrag vorhanden ist, auf dem bereits Prozente angesammelt sind, kann diese Beitragssumme reduziert werden. 16-Jährige dürfen, mit der nötigen Fahrerlaubnis, nur 125er mit einer Höchstgeschwindigkeit von 80 km/h oder weniger im Verkehr bewegen. Hat das Bike mehr Leistung, ist er nur mit einem unbegrenzten Zweiradführerschein zu benutzen, dafür aber verringern sich die Versicherungskosten deutlich. Hier wird es knifflig, da keine Grundsummen von den Anbietern genannt werden. Stattdessen muss der Kunde in jedem Einzelfall bei seiner Versicherung nachfragen. Heute werden für die Beiträge mehrere Faktoren berücksichtigt. Hat der Fahrer/Fahrzeughalter ein Auto bei der gleichen Versicherung, ein Haus oder anderes Eigentum? Ist er Einzelfahrer, wie weit fährt er im Jahr, in welchem Kreis wird das Fahrzeug bewegt? Ein typischer Fall am Beispiel eines Aprilia 250 Leonardo: Der Halter (zwischen 23 und 29 Jahre alt) hat ein Haus und ein Auto und kommt auf 132 Euro jährlich, mit Selbstbeteiligung, für Haftpflicht und Teilkasko. Der gleiche Roller kostet für einen Halter unter 23 Jahren, ohne Haus und Auto, 176 Euro. Beides sind noch erschwingliche Summen, aber trotzdem lohnt es sich nachzufragen.

Die Versicherung für ein motorisiertes Zweirad ist lange nicht mehr so teuer, wie sie noch vor ein, zwei Jahrzehnten war.

Kann teuer sein: *Junger Fahrer, schnelles Motorrad.*

Meist billiger: *Alter Fahrer, kleines Motorrad.*

Diebstahl-Schutz

Die Statistik von Motorrad-Diebstählen stimmt einen nicht gerade fröhlich. In Großbritannien zum Beispiel werden jedes Jahr 30000 Motorräder gestohlen – das ist etwa alle 20 Minuten eines. Äußerst wenige werden jemals wiedergefunden. Die Sicherheit der Maschinen steht auf der Prioritätenliste der Motorradhersteller nicht eben weit oben.

Das Beste, was Sie als Standard bei den meisten Motorrädern erwarten können, ist ein Lenkerschloss. Ein heftiger Ruck reicht meist, um es zu knacken. Das ist also die schlechte Nachricht. Nur Mut – Sie können genug tun, damit die Chancen sinken, dass Sie Teil dieser Statistik werden.

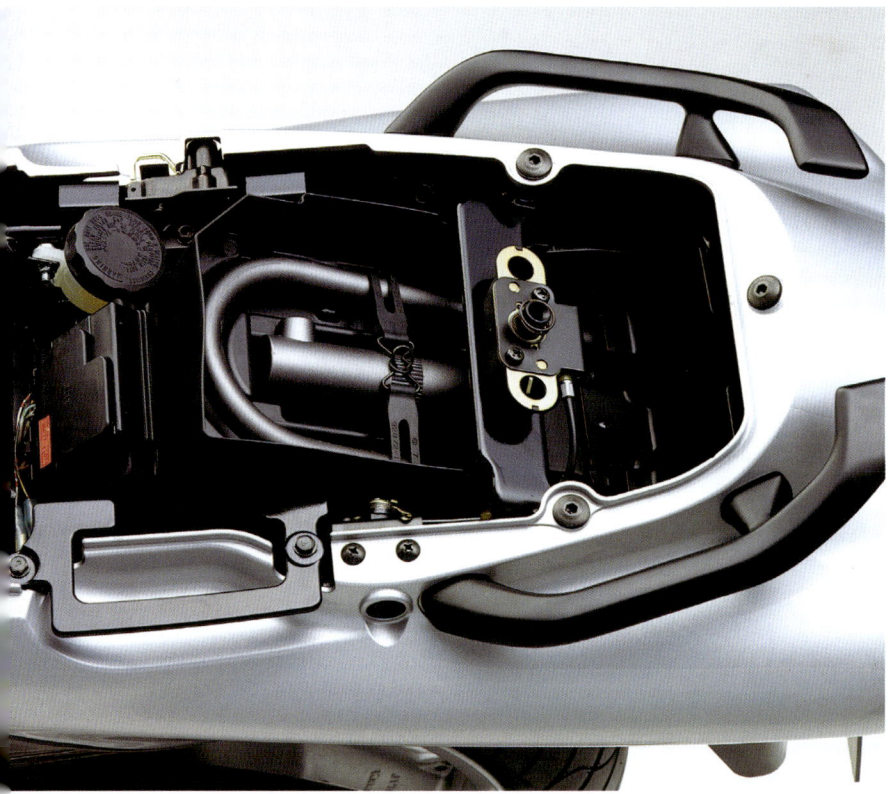

Bügelschlösser kriegt man unter der Sitzbank unter.

In vielen Gebieten, vor allem in den Großstädten, ist die Diebstahlstatistik mehr als beunruhigend. Nur wenige gestohlene Motorräder tauchen wieder auf, und die meisten Fahrzeugbesitzer werden zusätzlich bestraft, weil ihre Prämien höher werden. Der Schutz vor Diebstahl steht bei vielen Fahrzeugherstellern nicht gerade an oberster Stelle. Ein Lenkschloss in Verbindung mit dem Zündschloss, da hört es meistens auf. Ein Lenkschloss ist nur für den Gelegenheitsdieb abschreckend. Einige Hersteller haben sich inzwischen dennoch mit dem Thema beschäftigt. In den meisten Fällen liegt es jedoch dennoch am Fahrzeughalter, sich um die Sicherheit seines Lieblings zu kümmern. Kann das Motorrad in Sichtweite geparkt werden, wenn der Besitzer sich um seine Geschäfte kümmert, ist alles gut. Da das aber meistens unmöglich ist, sind zusätzliche Maßnahmen erforderlich. Immer abschließen mit einem zusätzlichen Schloss, egal, für wie kurze Zeit Sie weg sind. Hat das Motorrad eine vordere Scheibenbremse, ist ein eigens hierfür vorgesehenes Schloss in Miniaturformat eine praktische Lösung, lässt sich leicht mitnehmen und ist trotzdem visuell abschreckend. Ein Bügelschloss nimmt mehr Platz in Anspruch, passt aber meistens in den Stauraum unter der Sitzbank. Die abschreckende Wirkung ist die gleiche, und ein solches Schloss passt durch das Vorderrad und verhindert so die Bewegung des Motorrads. Einige sind groß genug oder mit einem kräftigem Kabel versehen, so dass das Motorrad mit einem anderen Fahrzeug oder mit einem festen Gegenstand wie einer Laterne verbunden werden kann. Die nächste Stufe ist ein hochqualitatives Schloss mit Kette, was die Anbringung an einen festen Gegenstand ermöglicht. Bügel- oder Scheibenschlösser erlauben dem Dieb immer noch einen Abtransport des Motorrads per Anhänger oder Transporter. Solche Schlösser finden noch Platz im Stauraum. Wegen der persönlichen Sicherheit soll vermieden werden, Kette und Schloss um den Körper zu tragen. Beim Abschließen ist es wichtig, das Kabel nicht um leicht beschädigte Bauteile des Motorrads zu verbinden, oder es so schlampig anzuschließen, dass es einfach zu entfernen ist, was wiederum den Diebstahl nicht gerade verhindert. Lassen Sie Kette oder Kabel nicht so tief herunterhängen, dass das Teil auf dem Boden liegt und so mit einem Hammer bearbeitet werden könnte.

Eine Alarmanlage kann abschreckend wirken, schützt aber das Motorrad nicht davor, in einem Transporter zu verschwinden. Das gleiche gilt für eine Wegfahrsperre, aber das Motorrad kann wenigstens nicht aus eigener Kraft wegfahren. Viele Versicherer verlangen zusätzliche Diebstahlsicherungen, aber auch sonst bietet sich hier Spielraum für eventuelle Maßnahmen. Eine Liste über anerkannte Diebstahlsicherungen ist bei der Polizei oder der Versicherung vorhanden. Alarmanlagen haben den Vorteil, dass sie automatisch in Funktion eintreten, sobald das Motorrad geparkt wird, und so einen automatischen Schutz bieten. Leider ist der Großstadtmensch an solche Geräuschquellen gewöhnt und es lohnt immer, eine Zusatzsicherung in der Form eines Schlosses einzubauen. Wo das Motorrad geparkt wird, ist auch von Bedeutung. Der dreisteste Dieb zieht etwas Ruhe vor,

Solide Stahlkette mit aufwändigem Schloss.

wo er ungestört von neugierigen Blicken arbeiten kann. In Großstädten kommt es vor, dass Diebe Fahrzeughalter verfolgen und so ihren Wohnsitz lokalisieren. Ohne paranoid zu sein, kann es sich lohnen, eine zusätzliche Runde um den Block zu gehen, nur, um sicher zu sein. Bei der Arbeit kann es unter Umständen interessant sein, Motorräder zusammen mit dem eines Kollegen abzuschließen. Lassen Sie auch das Sicherheitspersonal bei der Einfahrt wissen, dass Sie Motorräder fahren und welches. Dann ist die Wahrscheinlichkeit größer, dass sie Verdacht schöpfen, sollten Fremde sich mit Ihrem Motorrad bewegen. Hier und da haben Gemeinden spezielle Bügel in den Boden auf Motorradparkplätzen anbringen lassen. Oft ist ein Zaun oder Geländer als Abschirmung solcher Parklücken auch dafür geeignet. Ist der eigene Parkplatz unbewacht und draußen, ist eine Abdeckplane eine gute Investition. Der Reiz ist dann vor den Augen der Betrachter verhüllt. Um so dreckiger die Plane, desto geringer das Risiko, dass ein Dieb sich dafür interessiert was darunter versteckt sein könnte. Gilt das gleiche für den Parkplatz zu Hause – eine Garage oder Tiefgarage fehlt – lieber hinter dem Haus parken, als davor, sichtbar von der Straße. Die sicherste Stelle ist natürlich in einer abgeschlossenen Garage oder Scheune. Die Versicherung verlangt es vielleicht. Parken Sie Motorräder nur ausnahmsweise vor dem Haus und stehen Sie nicht stundenlang vor

der Abfahrt auf der Straße. Unterhalt und Pflege sollen am liebsten auch außer Sichtweite ausgeführt werden. Eine feste Verankerung in der Garage ist unter Umständen sinnvoll. Wenn die Schwinge mit diesem Bügel angeschlossen und der Motorräder so geparkt ist, dass der Zugang mindestens von einer Seite erschwert ist, hat der Dieb keine große Chancen. Auch hier soll die Kette gestreckt sein, den Boden nicht erreichen, und das Schloss so positioniert, dass es nicht auf dem Boden mit einem Hammer bearbeitet werden kann. Türen und Fenster sollen selbstverständlich gesichert sein. Normale Garagentore sind einfach zu knacken. Eine zusätzliche Verriegelung ist keine schlechte Idee, aber bitte so, dass keiner auf die Idee kommt, hier gäbe es etwas zu holen. Wenn möglich, soll das Schloss innen angebracht werden. Ist die Garage mit dem Haus verbunden und das Haus mit einer Alarmanlage versehen, ist es kein großes Problem, die Anlage auf die Garage zu erweitern. Handelt es sich um ein gemeinsames Stromnetz, reicht unter Umständen eine Babysprechanlage. Keiner redet gern von Diebstahl, aber Geld, das man für den Schutz vor Diebstahl ausgibt, kann eine genau so gute Investition sein wie Kleidung. Wer einmal seinen Motorräder auf dieser Art verloren hat, versteht das Argument. Die größte Gefahr geht nicht von Jugendlichen aus, die den Motorräder für eine Spritztour ausleihen. Nein, die große Drohung ist der pro-

fessionelle Dieb, der im Auftrag arbeitet. Beiden sollte das Handwerk gelegt werden. Gestohlene Motorräder tauchen oft in Teilen auf dem Gebrauchtmarkt wieder auf. Dagegen gibt es ein System, wobei wichtige Teile mit zum Beispiel der Fahrgestellnummer eingraviert werden. So markierte Teile fallen leicht auf und können schnell identifiziert werden. Firmen bieten auch Chips an, die die Suche nach einem abhanden gekommenen Fahrzeug erleichtern. Dadurch ist die Beweisführung für die Polizei stark erleichtert. Solche Markierungen kann man auch selber ausführen und, genau wie bei Autos, durch einen Sticker auffällig deklarieren. Beim Kauf eines gebrauchten Motorrads mit solchen Markierungen soll man vom Verkäufer die entsprechenden Dokumente verlangen und unter Umständen sich selbst bei der gleichen Sicherheitsfirma registrieren lassen. Solche Systeme sind allerdings sehr teuer und lohnen sich bei Motorrädern eigentlich nicht. Die persönlich angebrachten Markierungen sollten genügen. Ohne paranoid zu werden, soll man alle Maßnahmen treffen, um das eigene Eigentum zu schützen. Fragen Sie bei der Polizei oder Ihrer Versicherung nach. Sie wissen Bescheid und geben gerne Auskunft. Mit etwas Vorsorge kann der unglückliche Vorfall vermieden werden.

Solche Schlösser sollten innen in der Garage angebracht werden.

Sicherheitseinrichtungen werden immer raffinierter, die Diebe leider auch.

Eine elektronische Alarmanlage kann abschrecken.

Gepäck

Wenn Sie große Stecken zurücklegen, ist Stauraum besonders wertvoll. Es gibt zwei Arten von Aufbewahrungsmöglichkeiten – eine harte und eine weiche.

Tankrucksäcke werden entweder mit Riemen oder Magneten befestigt. Bei leichtem Gepäck unbedingt zu empfehlen.

Diese Gepäck-Tasche kann man ebenso als Rucksack verwenden

Von einigen Herstellern erhält man stabile Koffer als Original-Zubehör, aber es gibt eine gesunden Zubehörindustrie, die Hartschalen-Koffer und Top-Cases herstellt. Einige an die Farben der Motorrad-Lackierung angepasst. Die Koffer werden auf Trägern befestigt, die am Motorrad angeschraubt sind und können entfernt werden, wenn man das Ziel erreicht hat. Die meisten sind verschließbar und bieten dadurch eine gewisse Sicherheit während Pausen auf der Strecke.

Packtaschen hingegen bieten etwas mehr Flexibilität, weil man sie leicht von Motorrad zu Motorrad bewegen kann und sie nicht auf einem Träger befestigt werden müssen, die manchmal recht unansehnlich aussehen, wenn die Koffer entfernt werden.

Es gibt verschiedene Arten von Packtaschen. Tanktaschen haben magnetische Böden, mit denen sie auf dem Tank festgehalten werden, mit Gurten zur zusätzlichen Sicherung oder zur Befestigung auf Kunststofftanks. Einige sind mittels eines Ziehharmonikasystems aus Stoff und Reißverschlüssen erweiterbar. Einige haben Gurte und lassen sich auch als Rucksack verwenden. Klarsichtfächer sind als Unterbringung für Karten oder Wegbeschreibungen vorgesehen.

Dieses Ding wird auf dem Soziussitz angebracht und bietet eine Menge Stauraum. Die Optik? Naja!

Überwurf-Packtaschen werden mittels eines Systems von Gurten auf dem Sitz festgezurrt. Einige sind so geformt, dass sie den hochliegenden Auspufftöpfen von Sportbikes angepasst sind.

Es gibt zwei Hauptaspekte, an die man bei Koffern und Packtaschen denken muss. Zuerst ist sicherzustellen, dass sie sicher befestigt sind und die Funktion und den Betrieb des Motorrads nicht behindern. Ihre Fahrt wird zu einem unplanmäßigen und unerfreulichen Halt kommen, wenn beispielsweise Packtaschen in das Hinterrad geraten. Man wundert sich manchmal auch darüber, wieviel Hitze die Auspufftöpfe erzeugen, jedenfalls genug, um Packtaschen und ihre Inhalte hübsch zum Glimmen bringen.

Kunststoffkoffer sind wegen ihrer Stabilität recht beliebt. Daheim liegen sie dafür immer irgendwie im Weg rum.

Das Zweite, woran man denken muss, ist, dass man nicht überladen darf. Zuviel Gewicht wird die Handhabung Ihres Motorrads beeinträchtigen. Ihr Benutzerhandbuch wird Ihnen sagen, wieviel Gewicht noch sicher transportiert werden kann.

Diese Textil-Koffer lassen sich leicht und schnell befestigen, aber aufpassen, dass sie nicht vom hochliegenden Schalldämpfer gegrillt werden.

Sinnvolles
Zubehör

Wir sprechen hier nicht über Customising, also die individuelle Gestaltung Ihres Motorrads. Stattdessen sind wir hier an praktischerem Zubehör interessiert, das sich auf den Seiten vieler Zubehör-Kataloge tummelt. Die Kapitel dieses Buches zum Motor und zum Fahrwerk gehen näher auf alles Mögliche an Zubehör fürs Motorrad selbst ein. Auf den nächsten beiden Seiten wollen wir Ihre Aufmerksamkeit auf die Themen lenken, wie Sie Ihr Motorradleben erleichtern können.

Montageständer, Montagebühnen
Nur wenige Motorräder sind heutzutage mit Hauptständern ausgerüstet. Es gibt sie bei einigen als Zubehör und bei anderen aus Prinzip nicht, insbesondere bei Sportbikes. Hauptständer erleichtern die Arbeit an einem Motorrad dann, wenn ein Radwechsel erforderlich. Ist kein Hauptständer vorhanden, machen Montageständer Sinn. Die hinteren Montageständer

heben des Hinterrad vom Boden ab, indem sie die Schwinge anheben, während die vorderen Montageständer die Gabel heben, wodurch das Vorderrad frei läuft.
Andere Ständer greifen unter den Motor und heben das gesamte Motorrad. Das Maß voll macht eine hydraulische Bühne, die Ihr Motorrad auf Augenhöhe anhebt und damit eine intensive Instandhaltung möglich macht.

Gegensprechanlagen: "Hallo, hallo, seid Ihr da? Hast Du den gesehen? Langsamer. Schneller. Schrei, falls Du schneller fahren willst." Ja. Intercoms machen viel Spaß und das Fahren geselliger. Und wenn's blöd wird, können Sie sie immer ausstöpseln.

Tank-Protektoren

Diese praktischen kleinen Dinge kosten nicht viel, können aber die Tanklackierung vor dem bewahren, was Ihre Jacke oder Ihr Lederkombi ihr antun kann. Je nachdem, welchen Geschmack Sie haben, können Sie wählen zwischen durchsichtig oder selbstlackiert bis zu etwas mit Silikonbrüsten darauf. Sie funktionieren aber alle auf die gleiche Weise.

Batterie-Ladegeräte

Sollte Ihr Motorrad für längere Zeit gelagert werden müssen, und in Ihrem Schuppen gibt es keinen Strom, kaufen Sie ein Batterie-Ladegerät mit Erhaltungsladung, damit Ihre Batterie aufgeladen bleibt. Sonst wird sie im kommenden Frühjahr "tot" und nutzlos sein.

Schrauben

Verwenden Sie nur dort Schrauben aus dem Zubehörmarkt, wo sie nicht unter extremen Druck geraten - beispielsweise an den Bremszangen. Sie sparen Gewicht, schauen gut aus und korridieren langsamer als Originalteile.

Verkleidungen, Spiegel, Blinker, Hebel

Die ersten Teile, die bei einem Sturz in Mitleidenschaft geraten sind auch meist teuer. Wenn Sie kein Verfechter von Originalität sind, hält der Zubehörmarkt erschwinglichere Optionen bereit. Verkleidungen, Spiegel, Anzeiger und Hebel sind in unterschiedlicher Qualität erhältlich, aber fast immer zu niedrigeren Preisen als beim Marken-Händler.

Reifendruckmesser

Jeder, der jemals im Vorhof einer Werkstatt oder an einer Tankstelle mit Luftleitungen und Luftdruckmessern gekämpft hat, wird bestätigen können, dass sie von einem Teufel konstruiert wurden, der diabolisch grinst, wenn Sie mal wieder versehentlich Luft abgelassen statt aufgepumpt haben oder umgekehrt. Eine Fußpumpe und ein akzeptabler analoger oder digitaler Druckmesser sind viel besser geeignet, um Drücke haargenau überprüfen und einstellen zu können.

3

Das Motorrad kennenlernen

Reifen

Sie fahren nirgendwo hin ohne Reifen, und die sind zweifelsohne die wichtigsten Teile eines Motorrads, die auch die härteste Arbeit verrichten müssen. Die hinteren Reifen übertragen die Leistung an den Boden, während beide Reifen einen gewaltigen Anteil am Handling des Motorrads haben, indem sie Haftung in den Kurven und auch beim Geradeausfahren bieten. Die Haftung ist auch lebenswichtig für wirksames Bremsen.

Verwenden Sie die richtigen Reifen für Ihr Motorrad und Ihr Fahrverhalten – und lassen Sie sich nicht verleiten, Marken oder Typen zu mischen.

Reifen leisten viel für uns. Betrachten Sie das bitte nicht als selbstverständlich. Prüfen Sie jede Woche, ob die Reifen den von den Motorradherstellern empfohlenen Druck haben. Prüfen Sie, wenn die Reifen kalt sind. Das Handbuch für Ihre Maschine wird Ihnen die richtigen Drücke für Solofahrten, für Fahrten mit Sozius und mit Gepäck verraten.

Zu wenig Druck beschleunigt den Verschleiß, macht das Handling zunichte, lässt den Benzinverbrauch ansteigen und verringert die Spitzengeschwindigkeit. Überdruck macht die Fahrt weniger bequem und vermindert die Größe der Fläche des Reifens, die in Kontakt mit der Straße ist, und bringt dadurch das Handling durcheinander. Überdruck kann auch zu frühzeitigem Verschleiß führen. Deshalb zahlt es sich aus, die Reifendrücke immer auf dem richtigen Stand zu halten. Am besten nimmt man eine Fußpumpe und einen anständigen Druckmesser – trauen Sie nicht dem billigen Plastikteil auf den meisten Fußpumpen.

Vergessen Sie nicht, die Ventilkappen aufzusetzen. Bei höheren Geschwindigkeiten können Zentrifugalkräfte die Ventile öffnen. Die einzige Möglichkeit, die Luft am Entweichen zu hindern, ist die Ventilkappe. Die metallischen Typen mit Gummiversiegelung im Innern sind am besten fürs Motorrad geeignet.

Verschleißanzeiger – kleine erhabene Wulste in den Tälern der Profilrillen – zeigen, wenn Ihre Reifen das Ende der vom Hersteller empfohlenen Verschleißgrenze erreicht hat.

Gelegentlich bedeuten andere Schäden, wie Löcher oder Risse, dass die Reifen vor Erreichen der Verschleißgrenze gewechselt werden müssen. Es ist sinnvoll, die Reifen vor jeder Fahrt auf Löcher und Risse zu prüfen, ebenso auf Gegenstände, die nicht dorthin gehören, wie Glas oder Nägel, die im Profil stecken. Es gibt Anderes, das zu einem frühzeitigen Ableben des Reifens führen könnte, insbesondere wenn Ihre normalen Strecken nicht allzu viele Kurven aufweisen. Das ist dann der Fall, wenn die Reifen "rechteckig" werden – die Reifen verlieren ihr halbkreisförmiges Profil in der Mitte der Lauffläche.

Reifentypen

Es gibt drei Hauptreifentypen – Diagonalreifen, Diagonal-Gürtelreifen und Radialreifen. Heutzutage findet man Diagonalreifen hauptsächlich auf leichten, langsamen Motorrädern, obwohl sie für einige Bikes auch für Geschwindigkeiten bis zu 210 km/h und darüber hinaus erhältlich sind.

Diagonal-Gürtelreifen wurden für die wachsende Klasse von Superbikes in den 70er-Jahren entwickelt und sind immer noch ziemlich beliebt. Der Radialreifen ist die modernste Konstruktion. So modern die Radial-Konstruktion ist, so rasch steigt auch ihre Beliebtheit – man findet nichts Anderes auf Sportbikes. Radialreifen laufen fast immer ohne Innenschläuche.

In einem Diagonalreifen bilden die Gewegbelagen, die die Karkasse bilden, einen Winkel von ungefähr 25 bis 35 Grad zueinander. Ein Diagonal-Gürtelreifen besitzt zusätzliche Gütellagen unter der Lauffläche, womit das zentrifugale Wachstum unter Last vermieden wird. Die Karkasse in einem Radialreifen liegt im rechten Winkel zum Umfang.

Abgesehen von der Karkasse gibt es Elemente, die bei allen Reifen gleich sind. Der Wulst ist aus Draht und hält den Reifen auf der Felge. Der Wulstkeil ist ein Gummieinsatz, der hilft, die Seitenwände zu verstärken – die Fläche zwischen dem Wulst und der Lauffläche, welche den profilierten Gummiteil bildet.

Reifen gibt es in unterschiedlichen Gummimischungen, die stets Kompromisse zwischen Haftung und Langlebigkeit darstellen. Tourenfahrer werden Langlebigkeit einer ultimativen Haftung vorziehen, während Sportbike-Fahrer, die immer danach trachten, das beste Handling für ihr Motorrad rauszuholen, die Haftung über alles Andere stellen. Obwohl sie wichtig ist, ist die Mischung nicht der einzige lebenswichtige Aspekt bei einem Reifen. Die Karkasse ist nämlich der Teil des Reifens, der am meisten beschäftigt ist. Aus einer Mischung unterschiedlicher synthetischer Fasern und Stahldrähten, steuert sie die Form des Reifens, wie er sich verformt und verbiegt und die Temperatur, mit der er läuft.

Ein moderner Radial-Reifen von Michelin

Typischer Straßen-Reifen: Die tiefen Profilrillen leiten bei Regen das Wasser zur Seite.

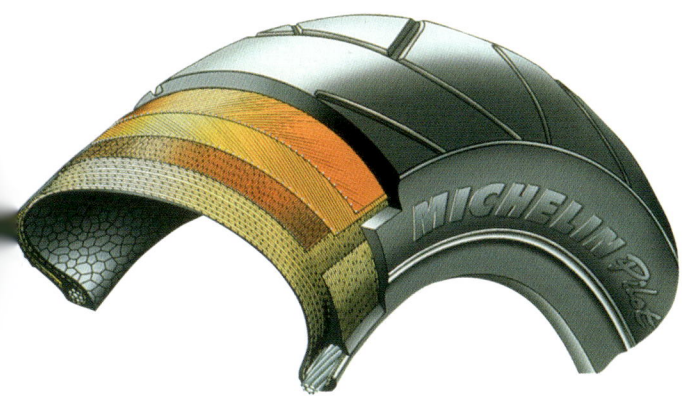

Radial-Reifen mit seinen verschiedenen Karkasslagen.

Diagonal-Gürtelreifen von Michelin.

Auswahl und Montage

Die hinteren Reifen verschleißen normalerweise vor den vorderen, weil dort die gesamte Leistung übertragen wird. Versuchen Sie nicht, Reifentypen zu mischen oder gar von unterschiedlichen Herstellern zu verwenden. Die Reifen sind nämlich als Paare ausgelegt und getestet. Falls Ihre Reifen mit Schläuchen gefahren werden, verwenden Sie auch einen neuen Schlauch. Einige Radialreifen können mit Schläuchen gefahren werden, stimmen Sie das aber mit den Hersteller-Empfehlungen ab. Und montieren Sie immer Reifen mit den richtigen Werten für Belastung und Geschwindigkeit für Ihr Motorrad.

Kaufen Sie keine überdimensionierten (also breitere) Reifen für Ihr Motorrad, weil Sie denken, dass sie besser haften. Sie werden es nicht, und es könnte Probleme mit dem Spiel zur Schwinge oder anderen Fahrwerkskomponenten geben, was wiederum das Handling beeinträchtigen wird. Ebenso wird ein unterdimensionierter Reifen eine zu flache Kontur haben, wenn er aufgezogen wird.

Das Werkstatt-Handbuch für Ihr Motorrad gibt Anweisungen zum Reifenwechsel, falls Sie sich der Arbeit nicht gewachsen fühlen. Wenn Ihre Reifen schlauchlos sind und Sie nicht auf eine Montiermaschine zugreifen können, dann sollten Sie die Arbeit einem Reifenspezialisten überlassen. Reifen sind richtungsabhängig, die Drehrichtung wird durch einen Pfeil an der Seite angezeigt. Man muss Sie in der richtigen Richtung montieren.

Es ist sinnvoll, neue Ventile in den Felgen zu verwenden, wenn neue schlauchlose Reifen montiert werden, da die Gummikörper verhärten und schrumpfen können. Ein kurzer Ventilhals verringert das Problem mit der Zentrifugalkraft, was im ersten Kapitel dieses Kapitels beschrieben wurde.

Einige Reifenhersteller haben ihre Produkte mit einem bunten Punkt markiert, der Monteur sollte beachten, dass das Ventil an diesem Punkt liegt.

Reifenmontier-Schmiermittel oder Seifenlauge werden zur Reinigung des Wulstes verwendet und helfen, ihn zu versiegeln. Ohne Ventil wird der Reifen bis 3,5 bar aufgepumpt, bis der Wulst sitzt. Dann wird das Ventil eingesetzt und der Reifen bis zum Betriebsdruck aufgepumpt. Zum Wulst konzentrische Kontrolllinien zeigen, ob der Reifen gleichmäßig im Felgenbett sitzt. Falls nicht, wird Luft abgelassen und der Prozess wiederholt.

Das Rad wird anschließend ausgewuchtet. Klebegewichte werden gegenüber dem Punkt angebracht, wo der Reifen am schwersten ist. Nicht ausgewuchtete Räder verschlechtern das Handling.

Die Reparatur von Löchern ist bei einigen schlauchlosen Reifen mit pilzförmigen Stopfen möglich, je nachdem wie groß das Loch ist. Eine solche Reparatur ist nicht möglich, wenn sich der Schaden auf der Seitenwand statt auf der Lauffläche befindet.

Neue Reifen sollten eingefahren werden. Die Lauffläche neuer Reifen ist glatt und schlüpfrig. Das Einfahren trägt die oberste Schicht ab. Deshalb kein starkes Bremsen, keine starke Beschleunigung oder kein starkes Kurvenfahren, bis die Reifen eingefahren sind.

Manchmal geht die Radachse nur schwer raus. Notfalls muss man mit dem Gummi- oder Kunststoffhammer nachhelfen.

Das Auswuchten ist wichtig: Die meisten Werkstätten nutzen ein solches dynamisches Wuchtgerät für diesen Vorgang.

Motoren-Typen

Es gibt viele Motor-Konfigurationen, sie arbeiten aber alle entweder auf die eine oder die andere Art – als Zweitakter oder als Viertakter. Die Takte beziehen sich darauf, wie oft sich der Kolben in der Zylinderbohrung bei jedem Verbrennungskreislauf auf und ab bewegt. Und das verrät allerhand über die Motoreigenschaften und den mechanischen Aufbau.

Der Viertakt-Prozess in vier einfachen Schritten: Ansaugen, Verdichten, Zünden, Auslassen. Dieser Vorgang wird auch als das Otto-Prinzip bezeichnet. Die meisten Motorräder werden von Viertaktern angetrieben.

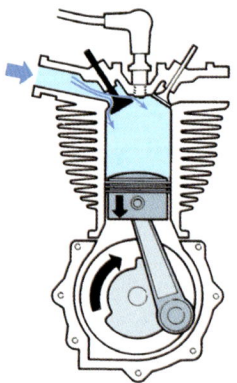

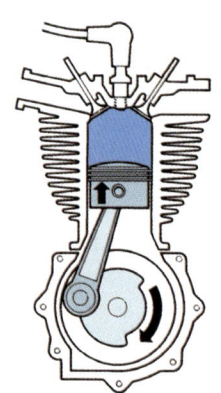

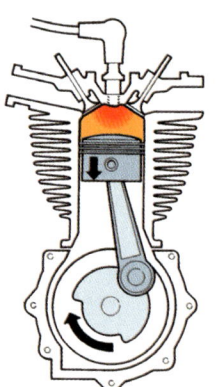

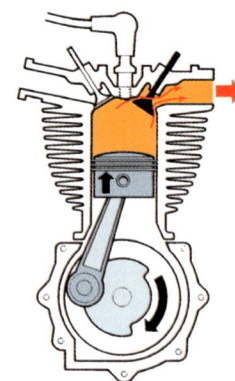

Ansaugen: *Während der Kolben nach unten saust, öffnet das Einlassventil und lässt das Benzin-Luft-Gemisch in den Zylinder strömen.*

Kompression: *Der Kolben geht nach oben und komprimiert das Frischgas im nun verschlossenen Zylinder.*

Zündung: *Das komprimierte Gemisch wird von der Zündkerze entflammt und verbrennt unter gewaltigem Druckanstieg.*

Auslass: *Der Kolben treibt das verbrannte Gemisch durch das nun offene Auslassventil in den Auspuff.*

Ein Verbrennungskreislauf besteht aus Ansaugen (Luft und Benzin ein), Verdichten (die Mischung komprimieren), Zündung (die Mischung in Brand setzen) und Ausstoßen (die verbrauchten Gase rauslassen). Das ist immer gleich, egal mit wieviel Takten ein Motor arbeitet.

Luft und Benzin werden während des Ansaugens in die Brennkammer gesaugt, während des Verdichtens komprimiert, während des Verbrennens gezündet und verbrannt sowie während des Auslassens ausgestoßen. Diesen Prozess muss der Motor durchlaufen, damit die chemische Energie im Erdöl in etwas umgesetzt wird, das wir zur Fortbewegung unseres Motorrads nutzen können.

Es gibt einige Unterschiede zwischen Zwei- und Viertakt-Motoren, aber der auffälligste Unterschied ist der, wie die Motoren Frischgas in die Brennräume hineinleiten und wie sie sie hinaus befördern.

Viertakter

Der Viertakter heißt so, weil er vier Takte braucht, um einen Verbrennungskreislauf komplett zu durchlaufen. Zu Beginn des Kreislaufs ist der Kolben an seinem oberen Totpunkt (OT), und die Ventile sind geschlossen. Wenn die Kurbelwelle dreht, läuft der Kolben in der Zylinderbohrung nach unten, und das Einlassventil öffnet, so dass ein frisches Benzin-Luft-Gemisch in den Zylinder gelangen kann. Wenn der Kolben den unteren Totpunkt (UT) erreicht, schließt das Einlassventil und hält so das Gemisch im Zylinder. Damit endet der Einlasstakt.

Wenn die Kurbelwelle weiter rotiert, beginnt sie, den Kolben wieder aufwärts in Richtung OT zu stoßen. Da alle Ventile geschlossen sind, kann das Benzin-Luft-Gemisch nicht ausweichen. Es wird immer stärker komprimiert bis der Kolben wieder den OT erreicht. Der Kolben hat nun zwei Takte vollzogen, einen die Zylinderbohrung abwärts und einen aufwärts, und die Kurbelwelle hat eine Umdrehung zurückgelegt.

Nun ist die Mischung, die in dem kleinen Raum oberhalb des Kolbens zusammengedrückt ist, bereit, gezündet zu werden – deshalb zündet die Zündkerze und startet die Verbrennung des Gemischs, wodurch sich dieses Gas schnell ausdehnt und auf die Brennraumwände drückt. Da der Kolben das einzige Teil ist, was sich bewegen kann, drückt der hohe Druck im Zylinder den Kolben in der Zylinderbohrung wieder abwärts bis er den UT erreicht und nicht weiter abwärts bewegt werden kann. Das bedeutet das Ende des Zündungs-Leistungs-Takts.

Schließlich muss noch das verbrannte Gas aus dem Zylinder entfernt werden. Zu diesem Zeitpunkt öffnet das Auslassventil und das unter hohem Druck stehende Gas strömt durch das Auslassventil in das Abgasrohr. Dieser Vorgang wird vom Kolben unterstützt, der in der Zylinderbohrung wieder aufwärts Richtung OT geht und dadurch das Gas aus dem Zylinder heraustreibt.

Hat der Kolben den OT erreicht, schließt das Auslassventil, und das Einlassventil öffnet. Damit kann der nächste Verbrennungskreislauf in Gang gesetzt werden. Insgesamt hat sich der Kolben vier Mal in der Zylinderbohrung bewegt, und die Kurbelwelle hat sich zwei Mal gedreht.

Zweitakter

Ein Zweitakter durchläuft den gleichen Verbrennungskreislauf wie der Viertakter, aber in der halben Zeit. Ein Zweitakter hat Ventile im oberen Teil der Brennkammer. Stattdessen besitzt er Löcher (Kanäle) in der Zylinderwand, die vom Kolben abgedeckt und freigegeben werden, wenn er auf- und niedergeht. Dadurch dass die Kanäle auf unterschiedlichen Höhen liegen, ist es möglich, dass sie vom Kolben zu den richtigen Zeitpunkten in den Ansaug- und Leistungs-Kreisläufen geschlossen und freigegeben werden.

Es ist auch wichtig zu wissen, dass Zweitakter ihr Schmiermittel im Benzin-Luft-Gemisch mit sich tragen, entweder wird es bereits vorgemischt in den Benzintank gepumpt oder von einem speziellen Tank in die Kurbelgehäuse gepumpt und dann mit dem Benzin gemischt. Diese Mischung wird im Kurbelgehäuse gehalten, bevor sie in den Zylinder gelangt. Das Öl im Gemisch schmiert Kurbelwelle und Pleuel-Lager, und die Aufwärts- und Abwärtsbewegung des Kolbens wird dazu verwendet, das Luft-Benzin-Gemisch in den Zylinder hineinzupumpen.

Wenn der Kolben den UT erreicht, sind beide - Kanäle – Einlass und Auslass – frei, und frisches Gemisch wird durch den Einlasskanal in den Zylinder hineingesaugt. Wenn der Kolben aufwärts geht, deckt er zuerst den Einlasskanal ab, so dass kein Gemisch mehr in den Zylinder gelangen kann, das Ansaugen ist damit beendet. Wenn der Kolben weiter aufwärts geht, deckt er auch den Auslasskanal ab. Nun beginnt die Verdichtungsphase. Das Gemisch ist vollständig verdichtet, wenn der Kolben den OT erreicht. Der Zweitakter hat mit einer Bewegung das Ansaugen und das Verdichten erledigt.

Die Zündkerze zündet nun das Gemisch und leitet dadurch den Leistungstakt ein. Dann wird der Kolben vom sich ausdehnenden Gas die Zylinderbohrung abwärts zurückgedrängt, bis er den Auslasskanal freigibt. An diesem Punkt beginnt der Druck des verbrannten Gases in das Auspuffrohr zu entweichen und beendet damit Zünden/Arbeiten und Auslassen.

Insgesamt ist der Kolben einmal in der Zylinderbohrung aufwärts und abwärts gegangen und hat dabei alle vier Stufen eines Verbrennungsprozesses vervollständigt. Die Kurbelwelle hat sich auch nur einmal gedreht. Die großen Vorteile des Zweitakters sind: Man hat nur einen Arbeitstakt für jede Kurbelwellendrehung, und es gibt weniger bewegliche Teile als beim Viertakter, was den Motor kostengünstiger macht, und man kann ihn leichter bauen. Der Nachteil: Der Zweitakter ist nicht so wirkungsvoll und wirtschaftlich wie der Viertakter.

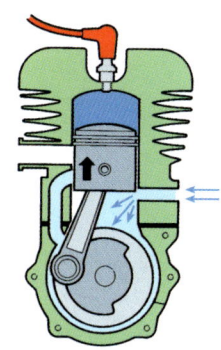

Ansaugen von Frischgas ins Kurbelgehäuse und Kompression von bereits angesaugtem Benzin-Luft-Gemisch im Zylinder.

Zündung und Auslass innerhalb des Zylinders. Gleichzeitig strömt Frischgas in den Zylinder.

Motoren-Layout

Egal ob Zwei- oder Viertakter – die Zylinder in den Motoren sind unterschiedlich angeordnet. Der einfachste ist ein Ein-Zylinder-Motor, den man im Allgemeinen in kleinen Einsteigerbikes bis hin zu stampfenden Supermotos findet. Normalerweise steht der Zylinder aufrecht und sitzt auf dem Kurbelgehäuse und dem Getriebe. Man findet aber auch Einzylinder, bei denen der Zylinder schräg nach vorne zeigt. Aber Einzylinder sind nur der Beginn dessen, was möglich ist.

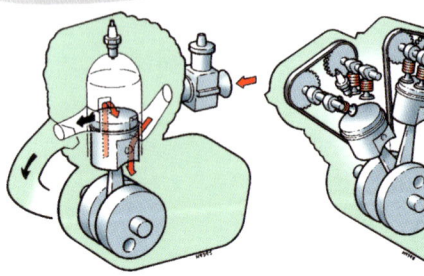

Zweitakt-Einzylinder

Viertakt-V-Zweizylinder

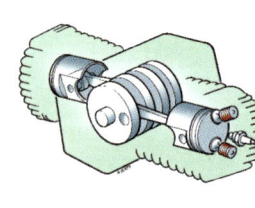

Viertakt-Boxer

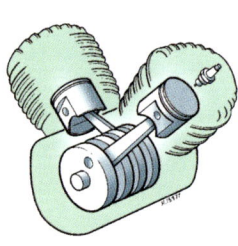

Zweitakt-V-Zweizylinder

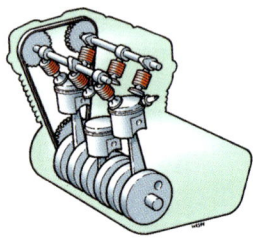

Dreizylinder-Viertakt-Reihenmotor

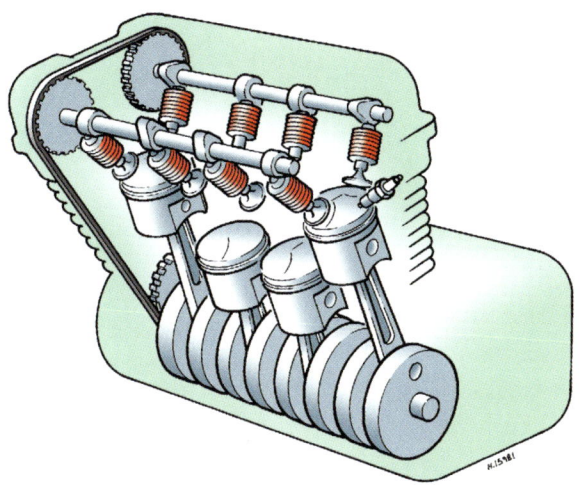

Die Honda CBR 600 RR verfügt über einen *Viertakt-Vierzylinder-Reihenmotor.*

Die nächste Stufe nach dem Einzylinder ist die Bauweise, bei der zwei Zylinder nebeneinander liegen und so einen Zweizylinder-Reihenmotor bilden. Das hat verschiedene Nachteile, weil man alles doppelt braucht. Zwei Zylinder bedeuten, dass man zwei Brennräume zur Verfügung hat, und dass man doppelt so viele Arbeitstakte pro Kurbelumdrehung ausführen kann. Da man aber nur eine Kurbelwelle und eine Schaltung braucht, muss der Motor nicht den doppelten Hubraum haben, was für Motorräder ein außerordentlich wichtiger Faktor ist.

Genau wie Reihen-Zweizylinder findet man auch Maschinen, bei denen die Zylinder in V-Form mit Winkeln von 45, 60, 70 oder 90 Grad angeordnet sind. Zwei gegenüberliegende Zylinder kommen ebenfalls vor (beispielsweise die Boxer-Motoren von BMW). Jede hat Vorteile und Nachteile gegenüber den anderen, aber im allgemeinen sind heutzutage die V-Motoren die beliebtesten, populär gemacht von Ducati und Harley-Davidson.

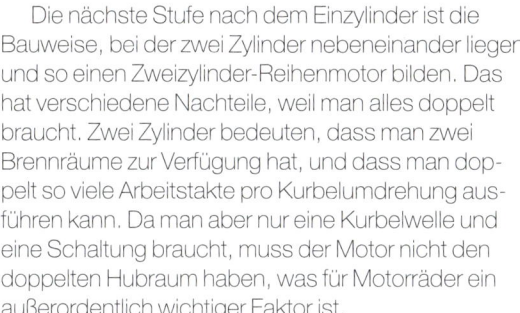

Die Honda VFR verfügt über einen *Vierzylinder-Viertakt-V-Motor.*

Sehr häufig auch der Reihen-Vierzylinder. Vierzylinder-Reihen-Motoren findet man mit Hubräumen von 250 bis 1400 cm³. Sie sind weit verbreitet, da sie eine kompakte Bauweise mit sehr großen Leistungen verbinden. Sie laufen vibrationsarm und können höher drehen, was sie wiederum leicht abstimmbar macht und gut geeignet sein lässt fürs tägliche Fahren. Schwingungen sind ein großes Problem bei Einzylindern und Reihenzweizylindern. Dieses Problem lässt sich normalerweise mit Ausgleichswellen reduzieren, obwohl sie bei richtiger Motorenauslegung fast unnötig sind.

Schließlich gibt es noch eine Reihe von anderen Anordnungen wie beispielsweise V-4-Motoren, wie sie von Honda bei den VFR-Sporttourern und Rennmotorrädern eingesetzt werden. Es gibt außerdem V-6-Motoren, Vierzylinder-Boxer, Dreizylinder und sogar Reihen-Sechs-Zylinder, obwohl man die nicht oft zu sehen bekommt. Wir werden zukünftig noch eine Menge neuer Anordnungen zu sehen bekommen, wenn die Technik, die im Rennsport entwickelt wird, in Straßenmotorrädern Einzug hält. Das könnten V-5-Motoren und V-3-Motoren sein, mit denen im Moment Rennen gefahren werden.

Der *Einzylinder-Viertakter* ist eine der simpelsten Möglichkeiten.

Reihen-Zweizylinder-Viertakter – hier in der Kawasaki ER-5.

Getriebe und Antrieb

Die gesamte Leistung, die vom Motor erzeugt wird, muss möglichst effektiv an das Hinterrad gelangen. Und das ist die Aufgabe des Antriebsstrangs. Dabei gibt es vier Hauptbestandteile – den Primärtrieb, die Kupplung, das Schaltgetriebe und den Endantrieb.

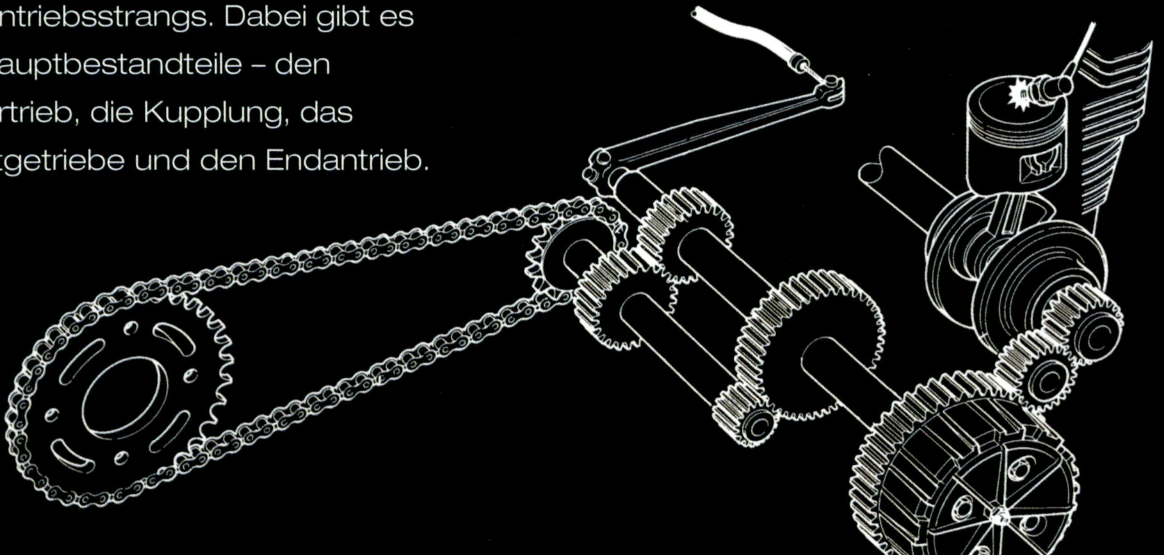

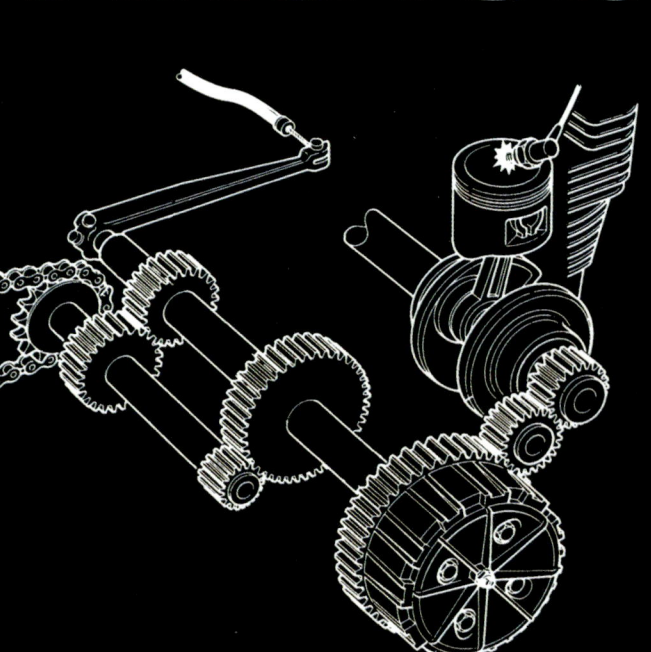

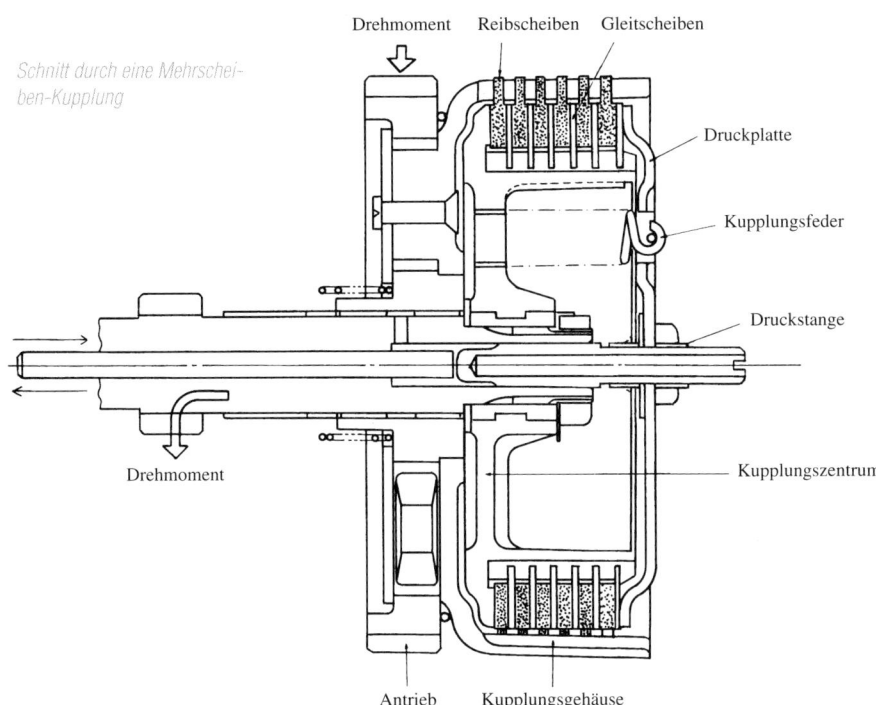

Schnitt durch eine Mehrscheiben-Kupplung

Drehmoment Reibscheiben Gleitscheiben

Druckplatte

Kupplungsfeder

Druckstange

Kupplungszentrum

Drehmoment

Antrieb Kupplungsgehäuse

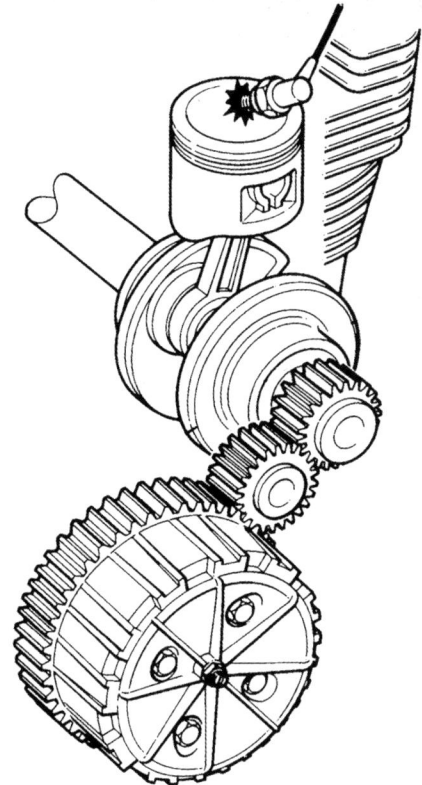

Der Primärtrieb verbindet Kurbelwelle und Kupplung.

Jedes motorgetriebene Zweirad braucht diese vier Baugruppen des Antriebsstrangs, um sich vorwärts bewegen zu können, obwohl sie in Art und Detail von Motorrad zu Motorrad unterschiedlich sind. Es gibt eine weitere Hauptunterteilung der Getriebe – manuell oder automatisch geschaltete Getriebe. Die manuelle Schaltung ist das normale System für Motorräder, obwohl einige Hersteller, unter ihnen Guzzi und Honda, in der Vergangenheit mit Automatikgetrieben herumgespielt haben. Automatikgetriebe sind Mopeds und Rollern vorbehalten.

Primärtrieb

Der Primärtrieb ist das Verbindungsglied zwischen der Kurbelwelle und der Kupplung. Die Verbindung wird durch eine Kette oder einen Riemen hergestellt, heutzutage üblicherweise mit Zahnrädern.

Der Primärtrieb ist die erste Stufe. Eine typische Anordnung ist ein kleines Zahnrad (das Eingangs- oder Antriebsrad) auf dem Ende der Kurbelwelle, das ein großes Zahnrad (das angetriebene oder Ausgangsrad) antreibt, drumherum das Kupplungsgehäuse. Die Übersetzungsverhältnisse dieser Zahnräder geben vor, um wieviel das Drehmoment der Kurbelwelle vervielfacht wird. Falls das Eingangsrad die halbe Anzahl der Zähne des Ausgangsrads hat, dreht sich das Ausgangsrad mit halber Geschwindigkeit und verdoppelt das Drehmoment des Eingangsrads. Falls das Ausgangsrad dreimal so viel Zähne hat, dann dreht es mit einem Drittel der Geschwindigkeit des Eingangsrads und erzeugt das dreifache Drehmoment und so weiter.

Der Prozess der Drehmoment-Vervielfachung und -Verringerung setzt sich im Laufe des Antriebsstrangs fort, damit die optimale Menge an Drehmoment für das geliefert wird, was der Fahrer dem Motorrad abverlangen möchte.

Kupplung

Die Funktion der Kupplung ist es, den laufenden Motor von der Gangschaltung und dem Primärtrieb zu trennen. Wenn es die Kupplung nicht gäbe, müsste der Motor jedes Mal angehalten werden, wenn das Motorrad anfahren soll. Sie gestattet, dass der Antrieb ausgekuppelt wird, so dass man den Gang wechseln kann, ohne durch die Gangschaltung krachen zu müssen und die Bauteile zu strapazieren.

Es gibt verschiedene Arten von Kupplungen auf dem Markt, sie haben aber alle eines gemeinsam – sie funktionieren mittels Reibung. Die meisten manuellen Kupplungen, die man heutzutage an Motorrädern vorfindet, bestehen aus einer Trommel oder werden außen vom Hauptantrieb angetrieben, wie oben beschrieben, und sind auf der Eingangswelle der Gangschaltung befestigt. Sie läuft frei, unabhängig von der Eingangswelle, wenn die Kupplung ausgerückt ist. Das Kupplungszentrum ist mit der Eingangswelle verbunden, so dass sich die Kupplung dreht, wenn sich die Gangschaltung dreht. Die Trommel und das Kupplungsinnere sind mittels Reibscheiben und Gleitscheiben verbunden.

Die Reibscheiben haben an ihren Außenrändern Zähne, die in die Trommel greifen, die Gleitscheiben haben Zähne, die in den Innenteil der Kupplung greifen. Die Kupplungsdruckplatte zieht das Ganze mittels der Kupplungsfedern zusammen, und die Reibung zwischen den Lamellensätzen veranlasst den Motor, das Getriebe anzutreiben. Wenn der Kupplungshebel eingerückt ist, wird die Druckplatte etwas von den Lamellen wegbewegt, so dass es nicht genug Reibung gibt, damit der Motor das Getriebe antreiben kann.

Mehrscheibenkupplungen sind die gebräuchlichsten Anordnungen. Wenn man viele Lamellen verwendet, kann der Durchmesser der Kupplung klein gehalten werden, aber es gibt noch einen genü-

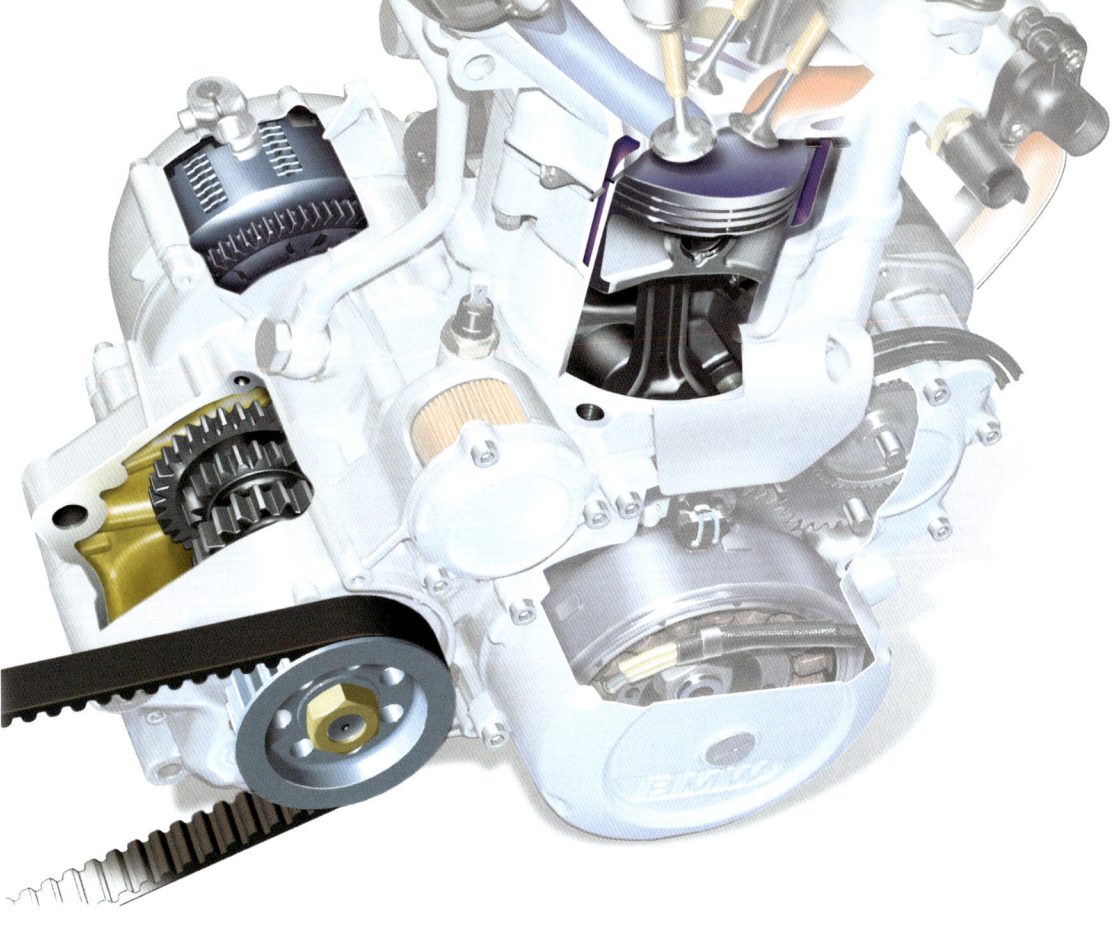

Der Antriebsstrang der BMW F
650: Primärtrieb, Kupplung,
Getriebe und Zahnriemenan-
trieb zum Hinterrad.

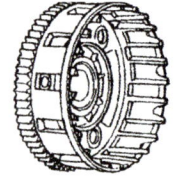

Kupplungskorb

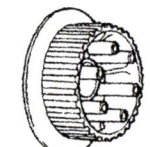

Diese Teil sitzt auf der
Getriebewelle

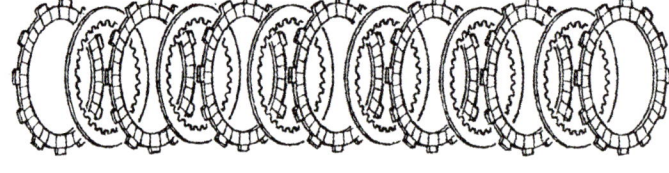

Ein typischen Paket auf Gleit- und Reibscheiben: Die Reibscheiben drehen sich mit
dem Kupplungskorb.

Über die Druckplatte wird die Kupplung ausgerückt.

gend großen Bereich aus Reibungsmaterial, der das
erzeugte Drehmoment so im Griff hat, dass die Kupplung nicht schleift. Einige Konstruktionen verwenden
Einzel- oder Doppelscheibenkupplungen – wie beispielsweise BMW-Boxer und Guzzis.

Kleinere Motorräder, wie Mopeds und Roller, die mit
Automatikgetrieben ausgestattet sind, laufen mit einer
anderen Art von Kupplung. Einige werden von der
Zentrifugalkraft getrieben: Wenn die Drehzahl ansteigt,
werden Schuhe wie die in einer Trommelbremse auf
das Kupplungsäußere geschoben und nehmen den
Antrieb auf. Der andere Kupplungstyp wird "Ball and
ramp" genannt. Bei ihm wirken Kugellager auf schräge
Rampen gegen die Druckplatte: Wenn die Motorge-
schwindigkeit ansteigt und das Kupplungsäußere
schneller rotiert, steigen die Kugellager die Rampen
hinauf und lassen den Antrieb einrasten.

Die manuelle Kupplung kann per Kabel oder
hydraulisch betätigt werden. Hydraulische Systeme
findet man normalerweise bei High-End-Sportma-
schinen. Sie lassen sich leichter betätigen als die mit
Kabel bedienbaren. Ebenso vermitteln hydraulische
Bremssysteme mehr Gefühl und Kraft beim Bremsen
als kabelbediente Systeme.

Gangschaltung

Die Funktion der Gangschaltung ist genauso einfach
wie ihre Teile kompliziert ausschauen. Die Gangschaltung lässt den Motor mit einer bestimmten Geschwindigkeit drehen, je nach gewünschter Geschwindigkeit auf der Straße.

Da Verbrennungsmotoren brauchbare Leistung
nur in einem sehr engen Bereich erzeugen, sind Getriebe erforderlich, die das Beste aus dem machen,
was an Leistung vorhanden ist. Nehmen wir einmal
an, dass Sie ein Sportbike fahren und in Sekunden-
schnelle auf 10.000 Umdrehungen beschleunigen.
Selbstverständlich würden Sie es nicht wünschen,
dass Ihr Hinterrad mit derselben Geschwindigkeit
dreht wie der Motor – Sie wären fast bereit zum Ab-
heben. Stattdessen möchten Sie die Menge an Drehmoment haben, das eine gleichmäßige Beschleunigung bis zum nächsten Gangwechsel liefert. Wenn
die Übersetzungsverhältnisse richtig gewählt sind,
fällt der Drehzahlmesser ans untere Ende des Leis-
tungsbands, wenn Sie den Gang wechseln.

Die Übersetzungsverhältnisse für Straßenmotorräder sind so gewählt, dass sie ein möglichst breites
Einsatzspektrum abdecken, was bei Rennmaschinen
zum Beispiel so nicht gehandhabt wird.

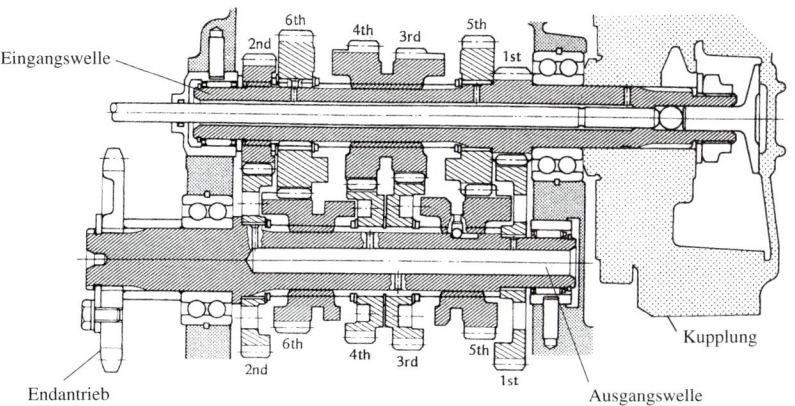

2nd 6th 4th 3rd 5th 1st

Kupplung

Endantrieb

6th 4th 3rd 5th
2nd   1st

Ausgangswelle

Ein typisches Getriebe, bei dem die Zahnräder konstant im Eingriff sind.

Getriebe enthalten eine Reihe von Zahnradpaaren, normalerweise zwischen vier und sechs. Auch hier gelten die Grundlagen der Drehmoment-Vervielfachung: Der erste Gang ist ein kleines Rädchen auf der Eingangswelle, das ein viel größeres auf der Ausgangswelle antreibt. Am anderen Ende der Skala besteht der höchste Gang aus einem Zahnrad derselben Größe oder manchmal größer als das Zahnrad am Ausgang. Das stellt sicher, dass es in den unteren Gängen eine Menge Schub zur Beschleunigung gibt, und immer noch bequemes Fahren in den höheren Gängen möglich bleibt, mit genug Power zum Überholen und so weiter, wenn es die Leistung erlaubt. Normalerweise greifen die Zahnräder ständig ineinander, ob sie angetrieben werden oder nicht, und gleiten oder rücken auf ihren zugehörigen Achsen ein, wenn sie von der Gangschaltung ausgewählt werden, die das passende Zahnradpaar auf den Achsen zusammenführt.

Endantrieb

Das am meisten verbreitete System für den Endantrieb ist die Kette mit Kettenrad, ein kleines vorne und ein großes hinten, verbunden mit einer Rollenkette. Es gibt auch den weniger üblichen Riementyp, wie er beispielsweise bei Harley-Davidson anzutreffen ist. Die konventionelle Kette-Kettenrad-Anordnung ist sehr anfällig für Straßenschmutz, so dass eine regelmäßige Wartung unbedingt erforderlich ist.

Einige Motorräder verwenden Kardanwellen. Die sind ziemlich wartungsfrei und haben eine längere Lebensdauer als Ketten und Kettenräder. Sie sind allerdings schwer, tragen zur ungefederten Masse bei und übertragen die Leistung nicht so wirksam wie Ketten. Außerdem gibt es das Problem der Drehmoment-Reaktion aufs Gasgeben. Und da Ketten und Kettenräder leichter herzustellen sind als Kardanwellen, ist es wahrscheinlich, dass die Hersteller für absehbare Zeit daran festhalten.

Der Riemenantrieb am Beispiel der BMW F 650 CS ist eine vorzügliche Alternative zum Kettenantrieb.

650 CS

Viertakt-**Tuning**

Motoren zu tunen kann viele unterschiedliche Bedeutungen haben. Auf gewisse Weise ist bereits der Service eine Art·Tuning, weil Bauteile auf ihre optimalen Einstellungen abgestimmt und Bauteile, falls erforderlich, ersetzt werden. Sie richten den Motor wieder so her, wie er sich verhalten hat, als er neu war. Die meisten Menschen verstehen unter Tuning allerdings eine Leistungssteigerung.

Verbrennungsmotoren setzen die chemische Energie, die im Benzin steckt, in nutzbare Leistung und in nutzbares Drehmoment um. Deshalb liegt der Verdacht nahe: Je mehr Benzin ein Motor verbrennen kann, desto mehr Leistung und Drehmoment kann man herausholen. Das stimmt auch soweit. Aber man kann nicht immer nur mehr Benzin nachschieben, wenn es nicht genügend Luft zur sauberen Verbrennung gibt. Und falls doch genügend Luft vorhanden sein sollte, wird der Motor nicht mehr Leistung abgeben, wenn er Benzin uneffizient verbrennt.

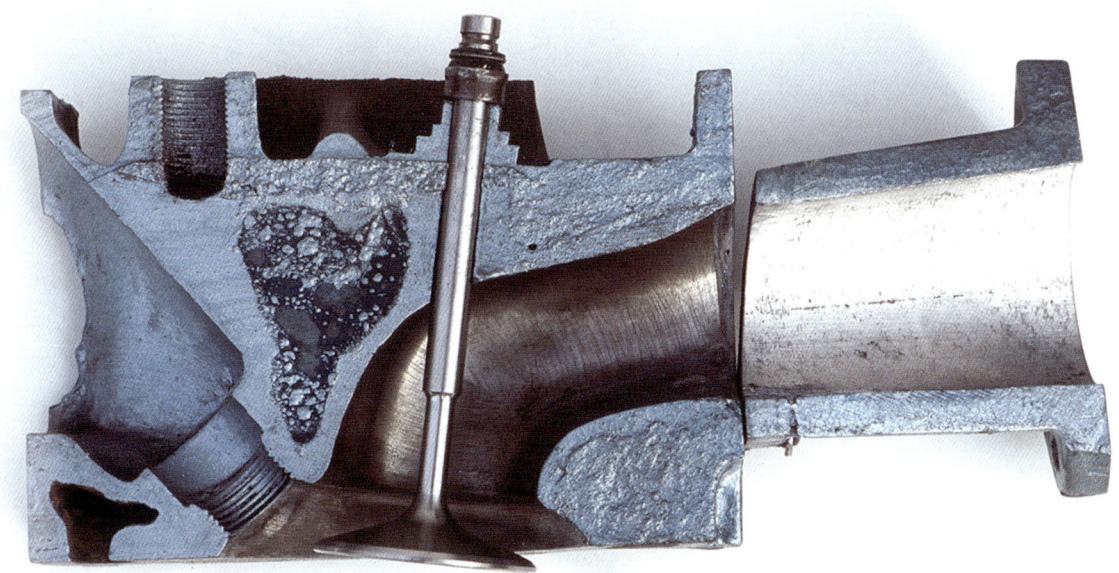

Einlasskanal und Ventil: Die Optimierung dieses Bereichs bringt Leistung.

Tuning kann also fast als "Mehr-Benzin-verbrennen" zusammengefasst werden, als vollständigere Energiegewinnung und als Verringerung der Reibungsverluste. Zuerst schaut man darauf, was den Motor daran hindert, Luft und Benzin einzulassen, und darauf, das Einlassen effizienter zu machen. Das bedeutet auf die Luftkasten und -filter zu schauen, auf die Vergaser- oder Drosselklappen-Gehäuse sowie auf die Einlass- und Auslasskanäle im Zylinderkopf, auf die Ventile, die Kurbelwellen und das Auspuffsystem.

Legen Sie nicht gleich los und schneiden Stücke aus dem Zylinderkopf heraus in der Hoffnung, dass die Stömung verbessert wird. Moderne, mit Computern konstruierte Zylinderköpfe sind bereits äußerst gut, und es ist leichter, sie zu verschlechtern als zu verbessern. Die meisten Motorradfahrer beginnen damit, den Standard-Luftfilter zu ersetzen, da dieser Filter im allgemeinen ziemlich einschränkend ist. Dadurch, dass man einen Filter einsetzt, der die Luft leichter strömen lässt, hat man bereits eine der Einschränkungen verringert – und das ohne große Kosten. Man riskiert, dass das Gemisch gefährlich mager wird, wenn nicht auch Benzinversorgungsseite berücksichtigt wird.

Da der Zylinderkopf einer der wichtigsten Faktoren bei der Steuerung der Atmung des Motors ist, macht es Sinn, ihn zu tunen. Das sollte man allerdings wirklich den Spezialisten überlassen, die das Know-how besitzen. Die meisten Amateure tauchen in die Materie ein, machen die Kanäle größer und ändern das Format zu etwas, was sie schön finden. Wenn sie aber den Motor laufen lassen, stellen sie fest, dass er weniger leistet als vorher. Größer ist nicht immer besser, und hat man einmal Metall abgetragen, dann ist es schwer, es wieder zurückzubringen.

Einer der wirkungsvollsten Arten des Tuning für Straßenmotorräder ist das Optimieren des Originalzustands. Hier wird der Motor so modifiziert, dass er der ursprünglichen Entwickler-Blaupause entspricht, bevor die Buchhalter und Verfahren der Massenproduktion das Sagen hatten.

Obwohl Massenproduktion bedeutet, dass wir unsere Motorräder preiswerter bekommen, bedeutet sie natürlich auch, dass leistungsmindernde Produktionstoleranzen beachtet werden müssen. Das erste Motorrad aus der Produktionsreihe könnte haargenau stimmen, aber 500 Motorräder später werden die Werkzeuge in den Fräsmaschinen verschlissen sein. Natürlich werden sie irgendwann ersetzt, aber die Hersteller bauen immer noch Toleranzen ein, was bedeutet, dass Sie ein Motorrad bekommen können, das sehr gut ist, währen das Nächste eines ist, bei dem die wichtigen Werkzeugmaschinen an der Toleranzgrenze waren.

Wir sehen die Ergebnisse dieses Prozesses sehr oft auf dem Prüfsand. Es ist möglich, zwei Motorräder desselben Alters, derselben Marke und desselben Modells zu testen und dabei zu unterschiedlichen Ergebnissen zu kommen.

Wenn ein Motor optimiert wird, zerlegt man ihn in seine Einzelteile, misst und wiegt jedes davon, damit sichergestellt ist, dass sie zueinander passen. Kolben werden so bearbeitet, dass sie alle das Gleiche wiegen, was Spannungen an der Kurbelwelle und an den Pleuelstangen ausschließt, Schwingungen verringert und eine sanfte Leistungsabgabe ermöglicht. Die Kolben werden auch deshalb bearbeitet, damit sich derselbe Wert für das Ventil-zu-Kolben-Spiel in allen Zylindern ergibt.

Dieses Prinzip wird beim Motor durchgängig angewendet, bis man schließlich einen perfekten Motor erhält. Der bringt im allgemeinen mehr Leistung, weil die Toleranzen minimiert sind, der Motor sollte zuverlässiger sein.

Der nächste Schritt zielt in der Regel darauf ab, die Bauteile leichter zu machen, zu polieren und auf andere Praktiken der esoterischen Tuner-Kunst.

Ein Zweitakter hat zwar weniger bewegliche Teile, da er keine Ventile und Nockenwellen enthält, um die man sich kümmern muss, aber das Optimieren funktioniert hier auch. Die Hauptsorge ist immer noch: Wie kommt das Gemisch in den Motor, wie geht es wieder hinaus, und wie schnell geht das Ganze?

Vergaser

Benzin entzündet sich und verbrennt leicht. Diese Vorgänge aber innerhalb eines Motors zu erreichen ist nicht so einfach, wie es scheint. Für die vollständige Verbrennung müssen Luft und Benzin im richtigen Verhältnis gemischt werden. Das ist normalerweise 12:1 bis 13:1, also 12 bis 13 Kilogramm Luft für jedes Kilo Benzin.

Das Luft-Benzin-Verhältnis kann sich dramatisch verändern, je nachdem was ein Motor leisten soll. Einen kalten Motor zu starten, könnte zum Beispiel eine Mischung erfordern, die 4 bis 5:1 "fett" ist. Das klingt nach einem unglaublich fetten Gemisch, beachten Sie aber bitte, dass das nicht das Verhältnis ist, was im Zylinder erzielt wird. Weil der Motor erst angelassen wird, ist das Benzin noch nicht so gut zerstäubt, wie es sein müsste, und die geringe Luftgeschwindigkeit kämpft damit, das Benzin wirkungsvoll mitzunehmen. So wird sogar einiges Benzin kondensiert sein, bevor es den Zylinder erreicht – was das Gemisch effektiv magerer macht.

Die Idee ist, dass schließlich ein fetteres als das normale Gemisch im Zylinder zur Verfügung steht, weil ein fettes Gemisch leichter gezündet werden kann – und das erleichtert den Startvorgang. Im Gegensatz dazu kann ein Mischungsverhältnis für Fahrten im Schongang bis zu 18:1 mager sein.

Soweit zu den Mischungsverhältnissen, aber wie funktioniert ein Vergaser eigentlich? Vergaser funktionieren, weil sie etwas besitzen, was man Venturi-Rohr nennt. Das ist eine Eingschnürung des Vergase-Durchlasses. Wenn Luft durch das Venturi-Rohr strömt, entsteht ein Unterdruck, und diesen Druckunterschied kann man nutzbar machen.

Benzin aus Ihrem Tank strömt in die Vergaser und wird im Schwimmergehäuse sozusagen zwischengelagert. Dort wartet das Benzin sozusagen auf Abruf. In diesem Fall wird der niedrige Druck im Venturi-Rohr, das über einen Kanal mit dem Schwimmergehäuse verbunden ist, das Benzin abrufen. Das führt dazu, dass das Benzin den Kanal hinaufgesogen wird, durch die Hauptdüse schließlich in den Luftstrom gelangt, von dem es, in winzige Tröpfchen zerstäubt, in die Brennkammer transportiert wird.

Der gebräuchlichste Vergaser-Typ für Motorräder ist der Gleichdruck-Vergaser. Dieser Vergaser ist ein pfiffiges Bauteil, das die Luftströmung durch Aufrechterhalten des richtigen Drucks im Venturi-Rohr steuert, damit immer die richtige Benzinmenge geliefert wird, unabhängig davon, wie offen oder geschlossen die Drosselklappe ist.

Tatsächlich steuert der Fahrer nicht direkt den Schieber im Vergaser. Stattdessen überwacht der Vergaser das Vakuum im Einlasskanal, das vom Fahrer mit der Drosselklappe gesteuert wird, und nutzt diese Überwachung dazu, einen Vakuumschieber zu betätigen. Je größer das Vakuum ist, desto mehr hebt sich der Schieber an.

Ein Flachstrom-Schiebervergaser funktioniert auf die gleiche Weise, aber hier öffnet und schließt die Drosselklappe direkt den Schieber im Venturi-Rohr. Tatsächlich steuert man die Luftgeschwindigkeit und daher auch die Benzinströmung.

Es ist möglich, mit einem Flachschiebervergaser mehr Leistung zu bekommen, weil es weniger Verwirbelungen im Einlasskanal gibt, wenn die Drossel weit geöffnet ist. Allerdings kann man bei einem Flachschiebervergaser nicht einfach die Drossel öffnen, um zu beschleunigen – insbesondere nicht im Bereich niedriger und mittlerer Drehzahlen. Da der Motor noch nicht hoch dreht, ist die Luftgeschwindigkeit im Vergaser relativ niedrig. Das plötzliche Öffnen des Schiebers vergrößert effektiv den Durchmesser des Venturi-Rohrs, verringert dadurch seinen Wirkungsgrad und den Unterdruck im Einlasskanal. Das bedeutet: Es gibt kein ausreichend großes Druckgefälle, um genug Benzin durch den Vergaser zu bewegen.

Gleichdruck-Vergaser lassen den Motor weitaus ruhiger laufen als Flachstrom-Schiebervergaser, weil sie den eben erwähnten Effekt vermeiden.

Eine typische Reihe von Unterdruck-Vergasern.

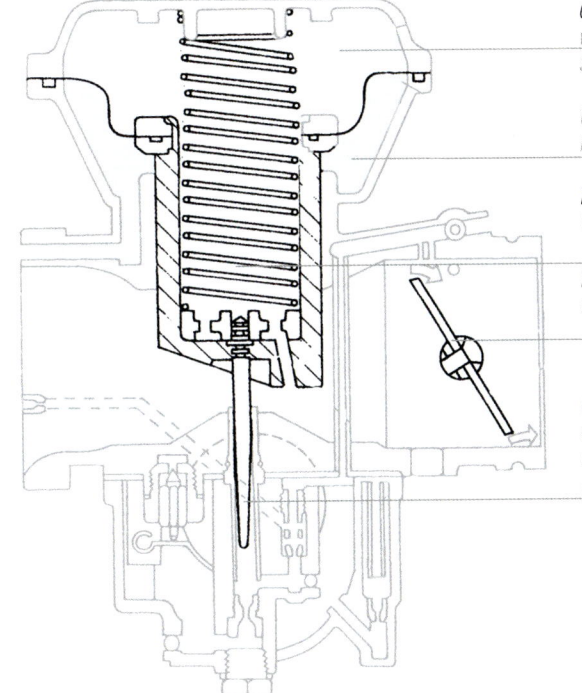

Gleichdruck-Vergaser: Luft wird durch eine Bohrung im Schieber geleitet.

Unterhalb der Membran herrscht **Atmosphären-Druck**.

Diese Feder belastet den Vergaser-Schieber.

Die Drosselklappe regelt den Luftstrom in den Vergaser.

Die Düsennadel steuert den Benzinfluss durch die Hauptdüse in Abhängigkeit von der Stellung des Schiebers.

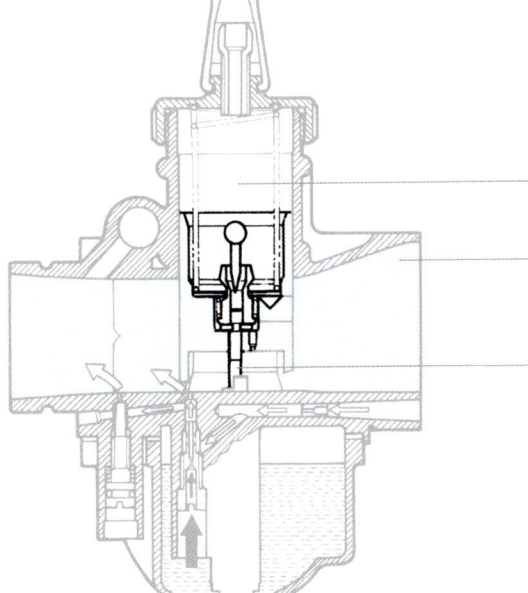

Flachschieber-Vergaser: Der Schieber wird direkt vom Gasgriff gesteuert.

Der Unterdruck steigt, wenn der Schieber vom Gasgriff gehoben wird.

Die Düsennadel steuert wie beim Gleichdruck-Vergaser auch hier den Benzinfluss durch die Hauptdüse.

Vergaser-Tuning

Vergaser zu tunen und dadurch tatsächlich ihre Leistung zu verbessern, ist eine richtig magische Angelegenheit, insbesondere da es Vergaser schon so lange gibt und bereits alles versucht worden ist. Deshalb ist die erste Frage, die Sie stellen sollten: Was genau versuche ich zu tun?

Es gibt viele Gründe, einen Vergaser zu manipulieren. Sei es, dass man den ärgerlichen toten Punkt bei 5000 Umdrehungen überwinden möchte, sei es, dass man den Motor ruhiger laufen lassen möchte. Oder Sie könnten einen neuen Auspuff mit anderen Strömungseigenschaften angebracht haben. Was es auch ist, es wird komplizierter sein, als Sie denken.

Es gibt jedoch einige Dinge, die sie tun können. Angenommen es gibt mehr als einen Vergaser, dann ist die allgemeinste Änderung, die Sie vornehmen können, die, die Vergaser zu synchronisieren. Wenn man die Vergaser aufeinander abstimmt, ist sichergestellt, dass sie alle dieselbe Menge an Luft und Benzin beziehen – so erhält man die gleiche Leistung und erreicht das gleichmäßige Ansprechen jedes Zylinders. Sind die Vergaser einmal korrekt eingestellt, wird sich die Leistungsentfaltung defintiv sanfter anfühlen. Sind die Vergaser nicht richtig abgestimmt, dann kann das sogar zu Schwingungen führen, die sich wie Motorprobleme anfühlen.

Die Kalibrierung wird mit Vakuum-Messgeräten durchgeführt, die mit den Einlasskanälen verbunden sind. Dabei werden die Synchronisationsschrauben an den Vergasern eingestellt. Das ist ein sehr genaues Verfahren, um die Drosselklappe so einzustellen, dass das Vakuum in allen Einlass-Kanälen gleich ist. Idealerweise sind die Werte der Vakuen in allen Vergaseren gleich, obwohl Vergaser manchmal paarweise abgestimmt werden, wobei die inneren und äußeren Paare einer Vier-Zylinder-Maschine anders laufen. Falls Sie unsicher sind, prüfen Sie das im Handbuch Ihres Motorrads nach.

Es ist wichtig, Vergaser sauber zu halten – innerlich und äußerlich. Schmutz neigt dazu, sich gerade auf Vergasern zu sammeln, wegen der Rückstände, die sich unvermeidlich darauf bilden. Diese schmierige Paste kann Probleme verursachen. Eine sorgfältige und sparsame Verwendung von Kaltreiniger ist ausreichend, um die Vergaser sauber zu halten.

Die Reinigung des Vergaserinneren kommt kaum vor, wenn das Motorrad jedoch mit Benzin in den Vergasern eingelagert war, kann das Benzin verdunstet sein und einen gummiartigen Belag hinterlassen haben, der Düsen verstopft. In diesem Fall sollte der Vergaser zerlegt und gereinigt werden, oder man sollte wenigstens etwas Vergaserreiniger aus der Spraydose durchlaufen lassen.

Es ist heutzutage nicht üblich, aber Motorradfahrer haben früher die Vergaser gegen neue mit dickeren Durchlässen getauscht. Die Logik, die dahinter steckt: Wenn mehr Gemisch in den Motor hinein gelangen kann, dann wird er auch mehr Leistung bringen. Obwohl ein Fünkchen Wahrheit in dieser Vermutung steckt, ist das Thema nicht so einfach.

Obwohl man das Strömungspotenzial des Motors dadurch erhöht, dass man größere Vergaser einsetzt, wird das Ergebnis ein schreckliches Benzingemisch sein. Die größeren Vergaser sind nicht in der Lage, die richtige Benzinmenge zu erstellen.

In mancher Hinsicht wird ein Vergaser mit kleiner Bohrung besser für das Fahren auf der Straße sein, weil er das Ansprechen des Motors im mittleren Drehzahlbereich verbessert. Die Hersteller wenden häufig diesen Trick an, wenn sie weniger extreme Versionen ihrer Motorräder bauen. Yamaha setzte beispielsweise den R1-Motor in der Fazer 1000 ein.

Es ist sicher klug, das Luft-Benzin-Verhältnis im Auspuff zu messen, um einen Vergaser sauber einzustellen. Die meisten Prüfstände verfügen über diese Ausrüstung und können das Motorrad so einstellen, dass das Gemisch nicht zu fett und nicht zu mager ist.

Düsennadel:
Der Clip am oberen Ende kann in verschiedenen Positionen eingehängt werden.

Flachschiebervergaser:
Dieser Mikuni TDMMR40 ist ein beliebtes Tuning-Teil. Auffällig die schräg stehende Schwimmerkammer, mit deren Hilfe der Vergaser auch in steilen Winkeln eingebaut werden kann.

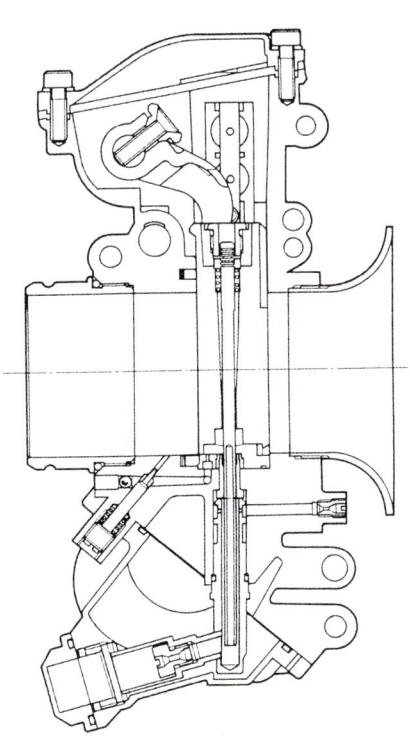

Benzin-Einspritzung

*Benzin-Einspritzung:
Die beiden Einspritzdüsen
oberhalb der Ansaugtrichter
wirken riesig. Ducati war
Vorreiter bei der Einspritz-
Entwicklung.*

Obwohl Vergaser im Laufe vieler Jahre soweit verfeinert worden sind, dass man sie für selbstverständlich hielt, dreht sich die Erde weiter – nämlich in Richtung Benzineinspritzung. Die Benzineinspritzung ist keine neue Technik. Tatsächlich gibt es sie bereits so lange in Autos, dass sogar die einfachsten Modelle damit aus-

gerüstet sind. In Motorrädern ist diese Technik noch nicht so verbreitet. Bis vor kurzem war die übliche Entschuldigung von Herstellern, dass die Motoren von Bikes über einen so breiten Bereich drehten, dass es nicht möglich wäre, wirksame Benzineinspritzungssysteme zu bauen. Das ändert sich jedoch schnell.

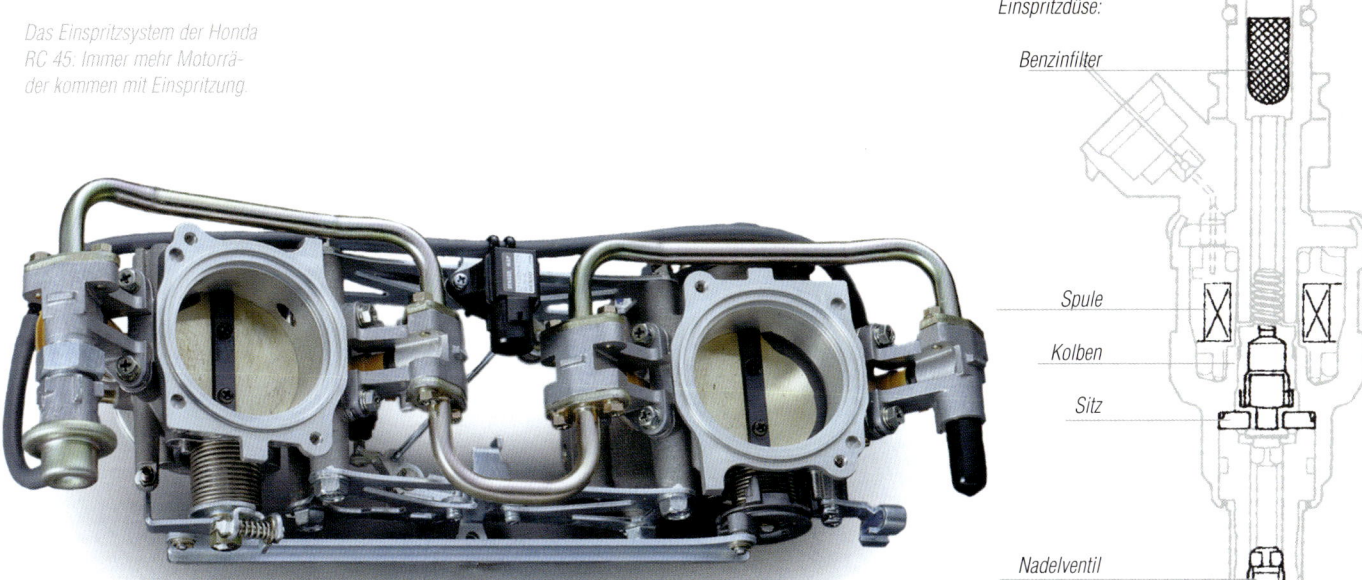

Das Einspritzsystem der Honda RC 45: Immer mehr Motorräder kommen mit Einspritzung.

Einspritzdüse:

Benzinfilter

Spule

Kolben

Sitz

Nadelventil
Düsennadel

Das Innere einer Einspritzdüse: Die Mechanik der Düse ist einfach, kompliziert ist nur ihre elektronische Kontrolle.

Ein Benzineinspritzsystem ist grundsätzlich mit einer oder zwei Einspritzdüse(n), einer Reihe von Sensoren und einem Steuergerät aufgebaut. Anders als Vergaser, die von den Gesetzen der Physik regiert werden und daher wissen, was sie an sich zu tun haben, muss man das einem Einspritzsystem mitteilen. Aus diesem Grunde ist ein Motorrad mit Einspritzsystem umgeben von Sensoren.

Sie meinen vielleicht, dass ein Zylinder mit 250 cm³ Hubraum mit jedem Ansaugtakt ein Viertel Liter Luft zu sich nimmt, aber das ist nicht ganz der Fall. Sogar wenn die Drosselklappe weit offen ist, füllen die meisten Motoren ihre Zylinder mit nur 80 bis 95 Prozent ihrer maximalen Kapazität. Der Zeitpunkt, zu dem ein Motor seine Zylinder am besten füllt, ist dann gegeben, wenn das Spitzendrehmoment auftritt.

Weil der Motor nicht immer die gleiche Menge an Luft ansaugt, sind die wichtigsten Fragen, die die ECU stellt: Wie schnell dreht der Motor, und wie weit ist die Drossel geöffnet? Sie wertet diese Information aus und weiß in etwa, wie gut der Motor seinen Zylinder unter diesen Bedingungen füllen wird. Dann sucht sie in einer Liste, die sich in ihrem Speicher befindet, um herauszufinden, wieviel Benzin eingespritzt werden muss.

Unglücklicherweise ist das nicht ausreichend. Falls der Motor nämlich kalt gestartet wird, braucht er ein fettes Gemisch, also muss die Motortemperatur geprüft werden. Das System muss ebenfalls den Luftdruck kennen – ein höherer Druck bedeutet "dickere" Luft, und das erfordert mehr Benzin, um das korrekte Mischungsverhältnis zu erzielen. Wenn Sie den Schlüssel bei einem Motorrad mit Benzineinspritzung drehen, dann werden Sie am Summton hören, wie eine Benzinpumpe zum Leben erwacht. Damit wird Benzin in eine Sammelleitung gepumpt, die mit den Einspritzdüsen verbunden ist. Die Einspritzdüsen sind also tatsächlich kleine Zapfhähne. Wenn sich eine Einspritzdüse öffnet, fließt Benzin aus der Sammelleitung in den Motor hinein.

Die Benzinmenge hängt von drei Dingen ab: der Strömungsgeschwindigkeit in der Einspritzdüse, ihrer Öffnungszeit und dem Druck der Pumpe. Die Strömungsgeschwindigkeit bleibt aufgrund ihrer Konstruktion unveränderlich, aber die Öffnungszeit und der Druck variieren.

Die Liste der Informationen, die die ECU braucht, wird länger, und je mehr Informationen es gibt, um so besser wird das Endergebnis ausfallen. Ausgerüstet mit all diesen Informationen legt die ECU fest, wie lange sie braucht, um jede Einspritzdüse zu öffnen und die erforderliche Benzinmenge zu liefern. Dann sendet sie ein zeitlich begrenztes Signal an die Einspritzdüse, die eine kleine Düse an ihrem Ende öffnet und schließt. Die Öffnungszeit ist eine Sache von Millisekunden.

Dabei sind Einspritzdüsen den Vergasern überlegen. Dadurch dass Benzin unter Druck durch eine Düse gepresst wird, kann das Benzin unter allen Umständen gleichmäßig zerstäubt werden. Und je kleiner die Tröpfchen sind, desto besser können sie sich mit der Luft vermischen. Das Resultat: höherer Wirkungsgrad und mehr Leistung.

Damit die maximale Leistung erzielt wird, haben einige Motorräder mehr als eine Einspritzdüse pro Zylinder. Die zusätzliche Einspritzdüse wird normalerweise am Ansaugtrichter angebracht und steuert nur etwas Benzin bei hohen Drehzahlen bei. Ein Vorteil dieses Systems ist, dass das eingespritzte Benzin gleichmäßiger im Einlasskanal verteilt wird, was zu besserer Verbrennung und mehr Leistung führt.

Die Elektronik sorgt auch für einen hohen Grad an Kontrolle. Die meisten Motorräder rechnen inzwischen mit verschiedenen Fuel-Maps, je nachdem in welchem Gang sie sich befinden. Die Benzineinspritzung ermöglicht es den Herstellern, Dinge bis ins letzte Detail hinein zu steuern, und das bedeutet, dass Motorräder besser laufen.

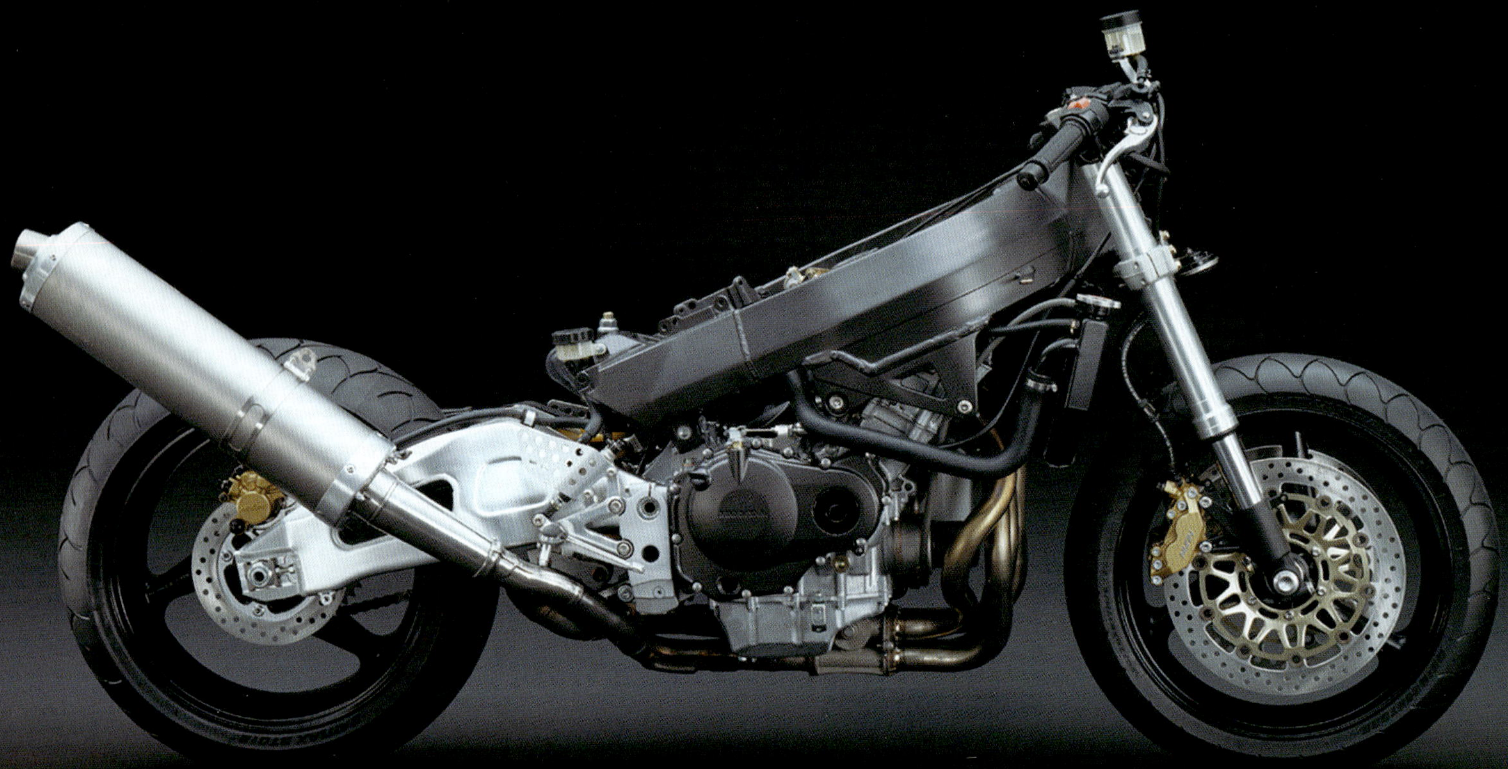

Auspuffanlagen

Auspuffanlagen sind nicht nur dazu da, den Lärmpegel niedrig zu halten. Tatsächlich ist der einzige Grund für die Schalldämpfer aber der Gesetzgeber – ein leiser Auspuff verbessert nicht unbedingt die Leistung... Aber selbst ohne diese Gesetzgebung würden Motorräder Auspuffrohre haben, einfach weil sie genauso verantwortlich für die Motorleistung sind wie jedes andere Teil rund um den Motor.

Yamaha verwendet in vielen Sportmaschinen das sogeannte EXUP, mit dessen Hilfe die Auspuffanlage auf die verschiedenen Drehzahlbereiche abgestimmt wird.

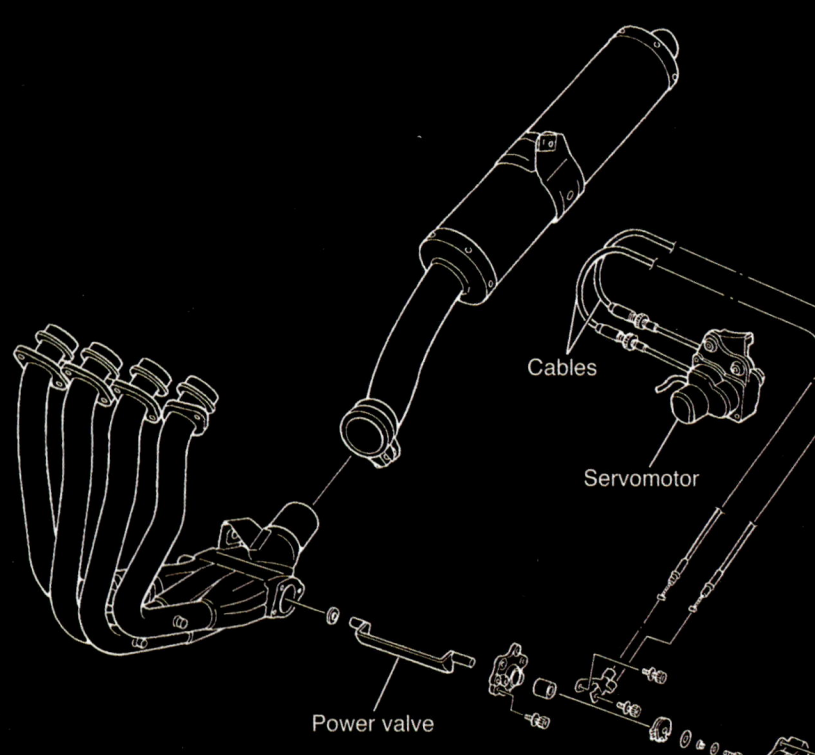

Cables

Servomotor

Power valve

Moderne Auspuffanlagen werden aus einer ganzen Reihe von Materialien gebaut. Wirtschaftliche Motorräder mit geringer Leistung sind immer noch mit Stahl-Auspuffanlagen ausgerüstet, weil sie preiswert und praktisch sind. Motorräder mit höherer Leistung verwenden exotische leichtgewichtige Materialien wie Titan und Kohlefaser.

Die Konstruktion moderner Sportbike-Auspuffanlagen hat seit der späten 90er Jahre einen langen Weg zurückgelegt und eine Menge Arbeit wird immer noch hineingesteckt. Zunächst müssen sie die richtige Dimension haben. Man könnte annehmen, dass ein dickes Auspuffrohr am besten wäre, weil mehr Abgas durchströmen kann, aber das ist nicht immer der Fall.

Ein Rohr mit großem Durchmesser unterstützt den Motor beim Erreichen einer guten Spitzenleistung, weil es große Mengen Abgas schnell abtransportieren kann. Ein Auspuffrohr mit kleinerem Durchmesser kann jedoch im niedrigen und mittleren Drehzahlbereich dadurch eine nützliche Leistungserhöhung bewirken, dass die Abgasgeschwindigkeit hochgehalten und das verbrannte Gas damit schneller aus dem Zylinder hinausbefördert wird.

Ebenso wie die Abgasströmung können auch Druckwellen in Auspuffanlagen genutzt werden. Sie sind absolut entscheidend bei Zweitaktern. Die Druckwellen sind Impulse, die von der Abgasströmung und von den Ventilen ausgehen, die sich öffnen und schließen. Wenn das Auslassventil schließt, sendet es eine Hochdruckwelle durchs Auspuffrohr, und ein Teil der Energie in der Welle wird als negative Welle zurück zum Rohr reflektiert, wenn sie das Ende erreicht hat. Funktioniert die zeitliche Steuerung korrekt, dann wird die negative Welle gerade dann ankommen, wenn das Ventil öffnet und das Gas im Zylinder auffordert, sich zu bewegen. Dieser Effekt funktioniert aber nur in bestimmten Drehzahlbereichen.

Die Anordung der Rohre hat ebenfalls ihre Auswirkung auf die Leistung. Einige Vier-Zylinder-Motorräder haben eine 4-2-1-Anordnung, bei der vier Krümmer zu zwei Paaren zusammenlaufen und anschließend in einem einzigen Rohr münden. Andere haben eine 4-1-Anordnung. Beides hat Vor- und Nachteile: Ein 4-2-1-System unterstützt die Leistung im mittleren Drehzahlbereich, ist aber nicht so wirkungsvoll bei hohen Drehzahlen. Das 4-1-System bewirkt das Gegenteil, es erhöht die Spitzenleistung und opfert dafür etwas Leistung im mittleren Drehzahlbereich.

Zweitakter reagieren deutlicher auf die Auspuffanlage. Man muss nur auf ihre Formen schauen, um zu erkennen, dass eine Menge Gehirnschmalz darinsteckt. Im allgemeinen zielen sie darauf ab, eine Niederdruckwelle dann zum Auslasskanal zurückzuschicken, wenn er öffnet, und eine Hochdruckwelle zurückzuschicken, wenn sich der Auslasskanal gerade beginnt zu schließen. Das kann den Leistungsbereich erweitern.

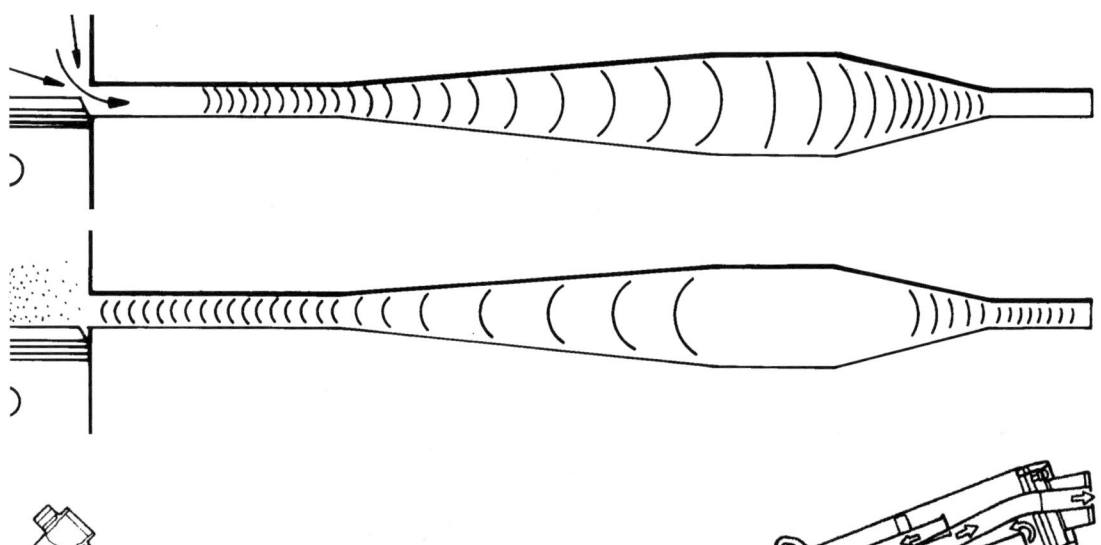

Auspuffbirne bei einem Zweitakter:
Die Auspuffgase laufen in Form einer Druckwelle nachhinten, und erreichen dort den Gegenkonus. Ein Teil der Welle läuft daraufhin zum Motor zurück, was wiederum die Spülverluste im Zylinder vermindert.

Viertakt-Auspuff: Ein System von kleineren Rohren innerhalb des Schalldämpfers dämpft die Geräuschkulisse.

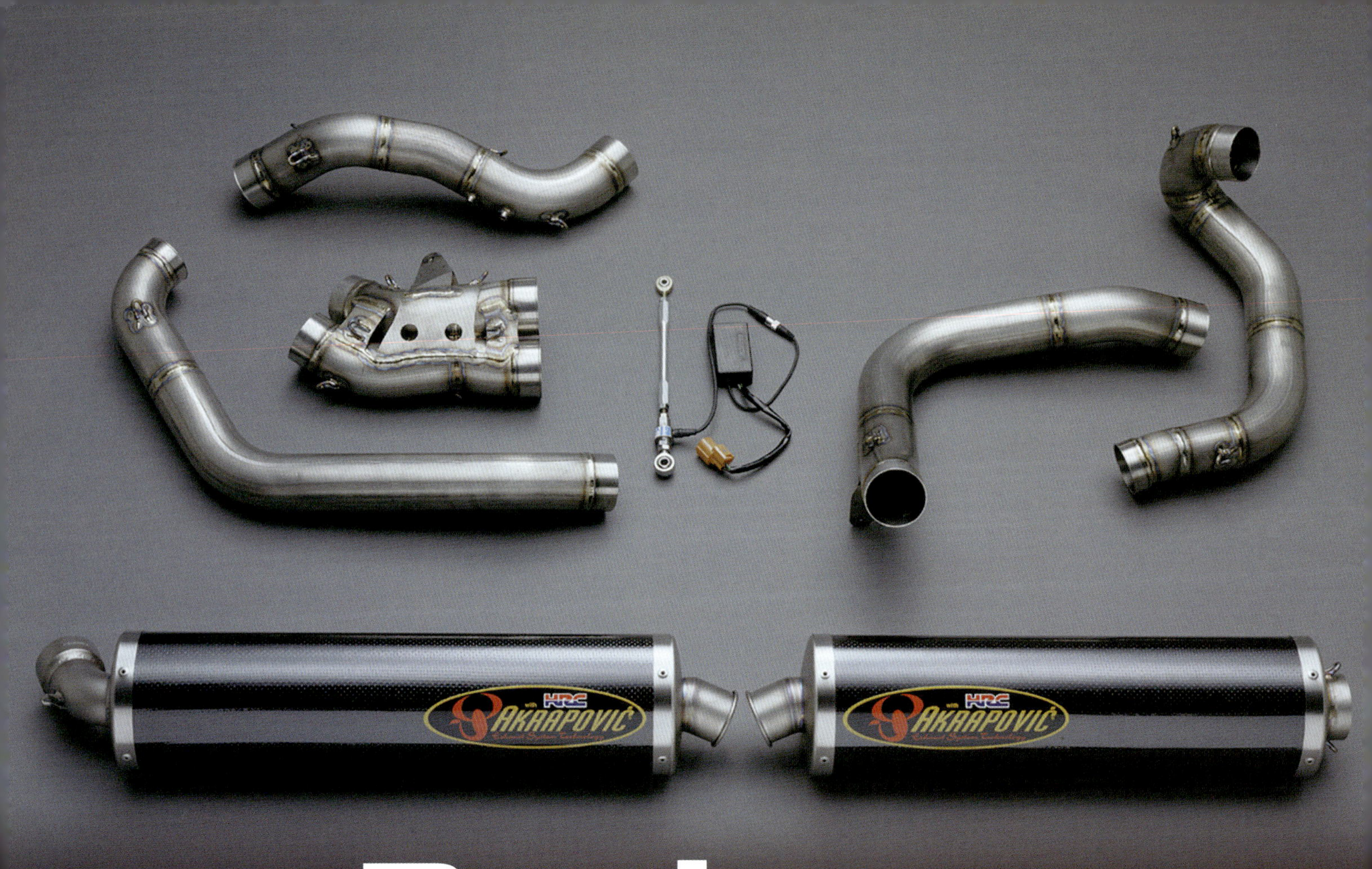

Racing-
Auspuffanlagen

Wir haben uns bereits Standard-Auspuffanlagen angeschaut und gesehen, dass die Schalldämpfung eigentlich nicht das ist, wofür sie gebaut werden. Wenn man also Motorräder tuned, macht es Sinn, die Einschränkungen aufgrund der Schalldämpfungs-Vorschriften loszuwerden, da sie normalerweise so funktionieren, dass sie die Abgase zurückhalten und durch eine Reihe von schalldämpfenden Kammern zwingen – und das ist ziemlich einschränkend.

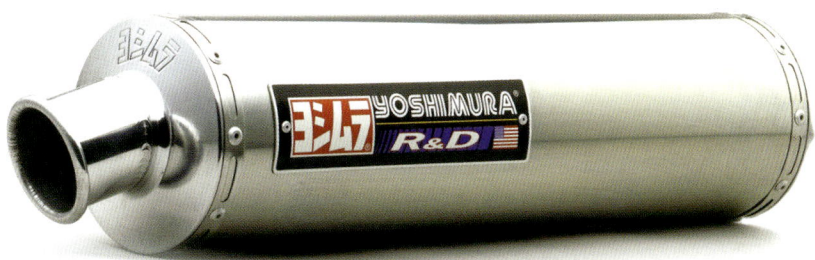

Racing-Topf von Yoshimura:
Es gibt Dutzende von Herstellern solcher Endschalldämpfer, Yoshimura ist einer der ältesten.

Carbon-Topf von Harris:
Das edle Material ist ziemlich in Mode gekommen, hält aber nicht ein Leben lang.

Dreieckiger Racing-Schalldämpfer von Yoshimura:
Die ungewöhnliche Form verspricht eine Menge Bodenfreiheit in Schräglage.

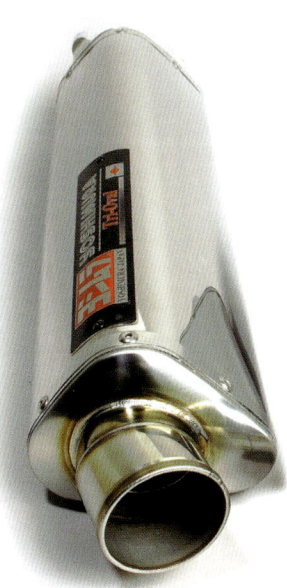

Auspuffanlagen von Motorrädern sind nicht aus einem Stück hergestellt, so kann man beispielsweise nur den Schalldämpfer ersetzen, ohne das restliche System anzugreifen. Das ist eine schnelle und einfache Modifikation, und sie ist auch ziemlich preiswert. Die Standard-Schalldämpfer werden im allgemeinen durch Renn-Töpfe ersetzt. "Renn" bedeutet, dass diese Teile nicht für die Straße zugelassen sind.

In fast allen Fällen kann das Abgas frei und geradeaus durch die Mitte des Topfes strömen, weil dort keine Dämpfungskammern vorhanden sind. Der Topf ist umgeben von einem durchlöcherten Rohr und schalldämpfenden Material, so dass er auch ein bisschen schalldämpfend wirkt. Mit der Zeit lässt diese Fähigkeit nach, und man muss dieses Material möglicherweise erneuern.

Wenn man die Fähigkeit des Gases, durch die Auspuffanlage zu strömen, erhöht, kann es schneller und in größeren Mengen fließen. Was den Motor betrifft, bedeutet das: Er kann leichter drehen, weil er das Abgas nicht aus der Auspuffanlage pressen muss. Aber es gibt weitere Konsequenzen.

Mit weniger Druck in der Auspuffanlage können die verbrannten Gase in der Brennkammer leichter ausströmen. Und je schneller das geschieht, desto schneller kann frisches Gemisch angesaugt werden, um das verbrauchte zu ersetzen. Das Ergebnis ist mehr Leistung. Ein Zugeständnis könnte ein geringer Leistungsverlust im mittleren Drehzahlbereich sein.

Renn-Auspufftöpfe lassen mehr Gas fließen, deshalb muss das Benzinsystem auch mehr Benzin liefern, um das richtige Gemisch aufrecht zu erhalten.

Das ist allerdings nur dann ein ernsthaftes Problem, wenn das Gemisch gefährlich mager wird und ausgerechnet unter den Bedingungen, bei denen Sie häufig fahren – sagen wir 7000 Umdrehungen mit Teillast. Mit dem Bike auf einem Prüfstand kann man das potenzielle Problem aufdecken, und man kann dann auch die Versorgung mit Benzin optimieren.

Genauso wie die Endrohre kann man oft auch den Rest der Auspuffanlage ersetzen. Früher, weil Standard-Systeme preisgünstiger hergestellt wurden und dabei gute Ergebnisse über einen großen Drehzahlbereich erreichten.

Heutzutage verfügen viele Hochleistungssysteme bereits über Eigenschaften wie konische Krümmer und überkreuzte Rohre. Beides wird so konstruiert, dass die Druckwellen und -impulse, die durch im Auspuff hin- und herlaufen, möglichst gut genutzt werden. Wie bei Zweitakt-Auspuffanlagen sind sie so "getimed", dass Niederdruckwellen hinter den Auslassventilen reflektiert werden, gerade bevor sie öffnen. Das unterstützt die Strömung. Ein gut konstruiertes Vollsystem kann die Leistung um 3 bis 10 PS erhöhen.

Obwohl es immer nett ist, die Leistung Ihres Motors zu erhöhen, kann es auch Nachteile mit sich bringen. Einige Systeme und sogar Endrohre machen es erforderlich, die Hauptständer zu entfernen.

Sie sollten auch unbedingt daran denken, dass die meisten Rennauspuffanlagen nicht für den Straßenverkehr zugelassen sind. Sie nicht nur lauter und lenken die Aufmerksamkeit auf Sie, sondern Sie könnten auch Ärger mit den Gesetzeshütern bekommen.

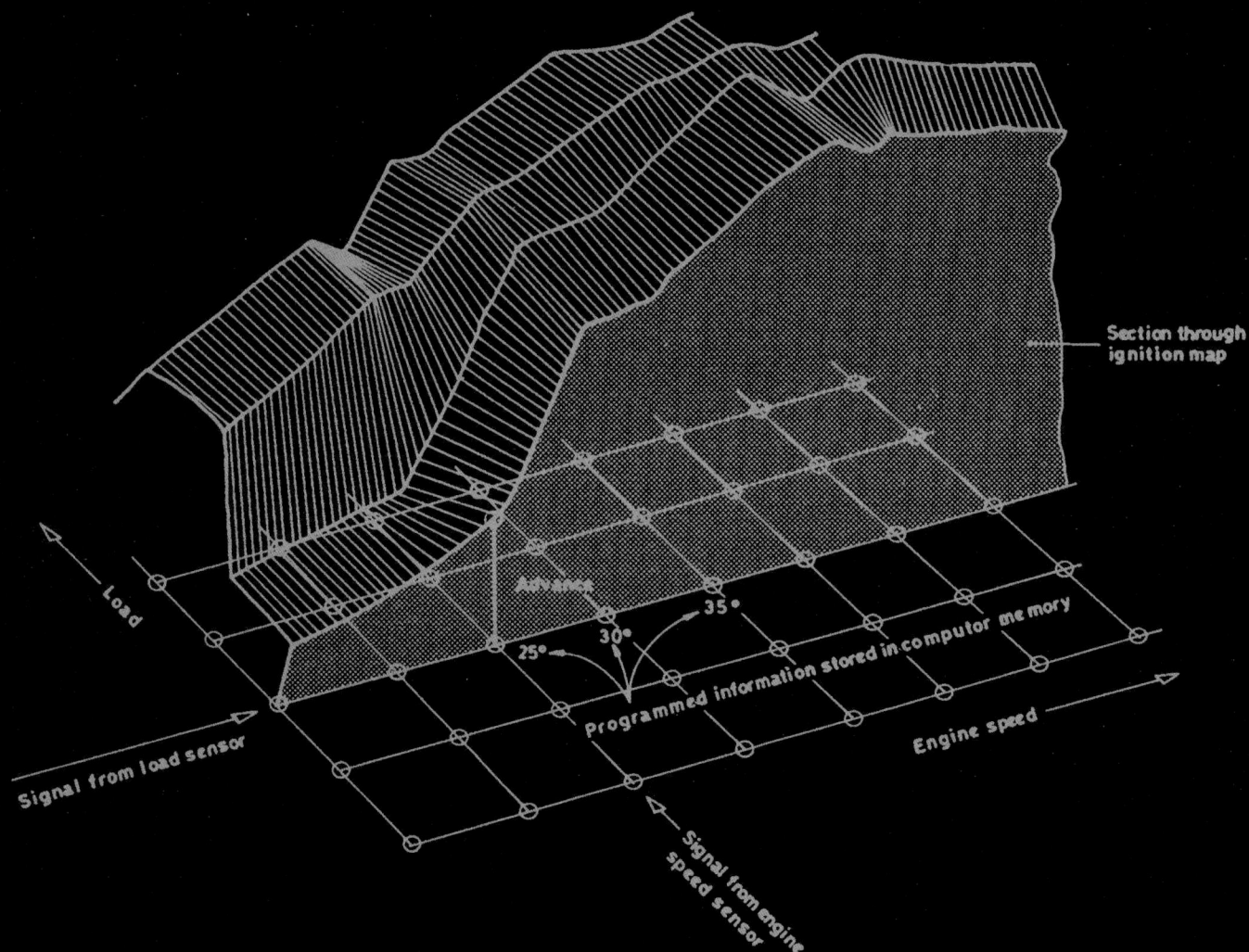

Section through ignition map

Load

Signal from load sensor

Advance

25° 30° 35°

Programmed information stored in computer memory

Signal from engine speed sensor

Engine speed

Elektronik- Zün- dung

Die Mehrheit der Motorräder besitzt heutzutage einen kleinen schwarzen Kasten, der irgendwo unter dem Kunststoff verstaut ist – das elektronische Steuergerät, die ECU (Electronic Control Unit). Diese scheinbar unverwüstlichen Kästen steuern die meisten Vorgänge, die im Motor vonstatten gehen. Aber es sind auch nicht so viele, wie Sie vielleicht denken mögen. In der Hauptsache herrscht eine ECU über die Benzineinspritzung, über die Zündung und manchmal über eine Auslasssteuerung.

Dynojet Power Commander:
Dieses kluge Gerät kann die Informationen, die an die ECU gehen oder daher kommen, so manipulieren, dass die Benzinzufuhr und/oder die Zündung optimiert werden.

Schaltbild eines typischen Motorrad-Systems. Die ECU stellt das Herz dar. Sie sammelt Informationen von Sensoren, die am Motorrad angebracht sind und teilt den Schlüsselbauteilen mit, was sie tun müssen.

Warum überhaupt eine ECU? Weil sie vielseitiger und genauer ist als mechanische Systeme. Sie ist kleiner, leichter und preiswerter herzustellen.

Die Benzineinspritzung ist vielleicht die fleißigste Nutzerin der "Black Boxes". Wir haben uns bereits mit Vergasern befasst und welch eine hervorragende Aufgabe sie erfüllen, trotz der widrigen Bedingungen, unter denen sie zu arbeiten haben. Andererseits ist die Benzineinspritzung ziemlich dumm, denn man muss ihr sagen, was sie unter allen Bedingungen, die sie antreffen könnte, zu tun hat. Aus diesem Grunde braucht sie aktuelle Informationen, bevor sie irgendwelche Entscheidungen trifft.

Die "Black Box", das schwarze Kästchen, sammelt die Informationen von einer Anzahl von Sensoren am Motorrad. Darunter befinden sich Sensoren, die die Drosselstellung, die Motordrehzahl, die Kurbelwellenposition, die Wassertemperatur, die Lufttemperatur und den Luftdruck abfragen. Im allgemeinen bedeuten mehr Sensoren, dass die ECU eine präzisere Entscheidung darüber treffen kann, wieviel Benzin eingespritzt werden muss. Sie sendet dann ein Signal, damit die Einspritzdüse lang genug öffnet ist und schließt wieder, wenn die genaue Benzinmenge geliefert wurde.

Elektronische Steuergeräte steuern auch die Zündung. Um die bestmögliche Entscheidung treffen zu können, braucht die ECU Informationen. Sie wird also jederzeit wissen, in welcher Position sich die Kurbelwelle befindet zum Beispiel. Die ECU vergleicht diese Informationen mit einer Tabelle, die sich in ihrem Speicher befindet und steuert die Zündung entsprechend.

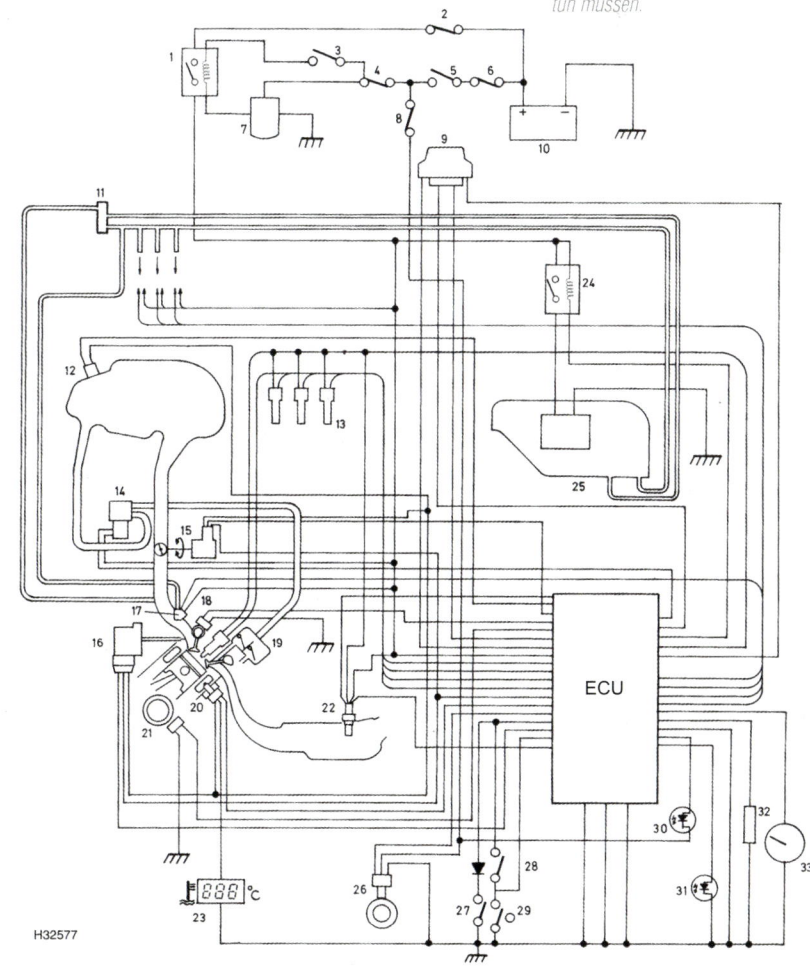

H32577

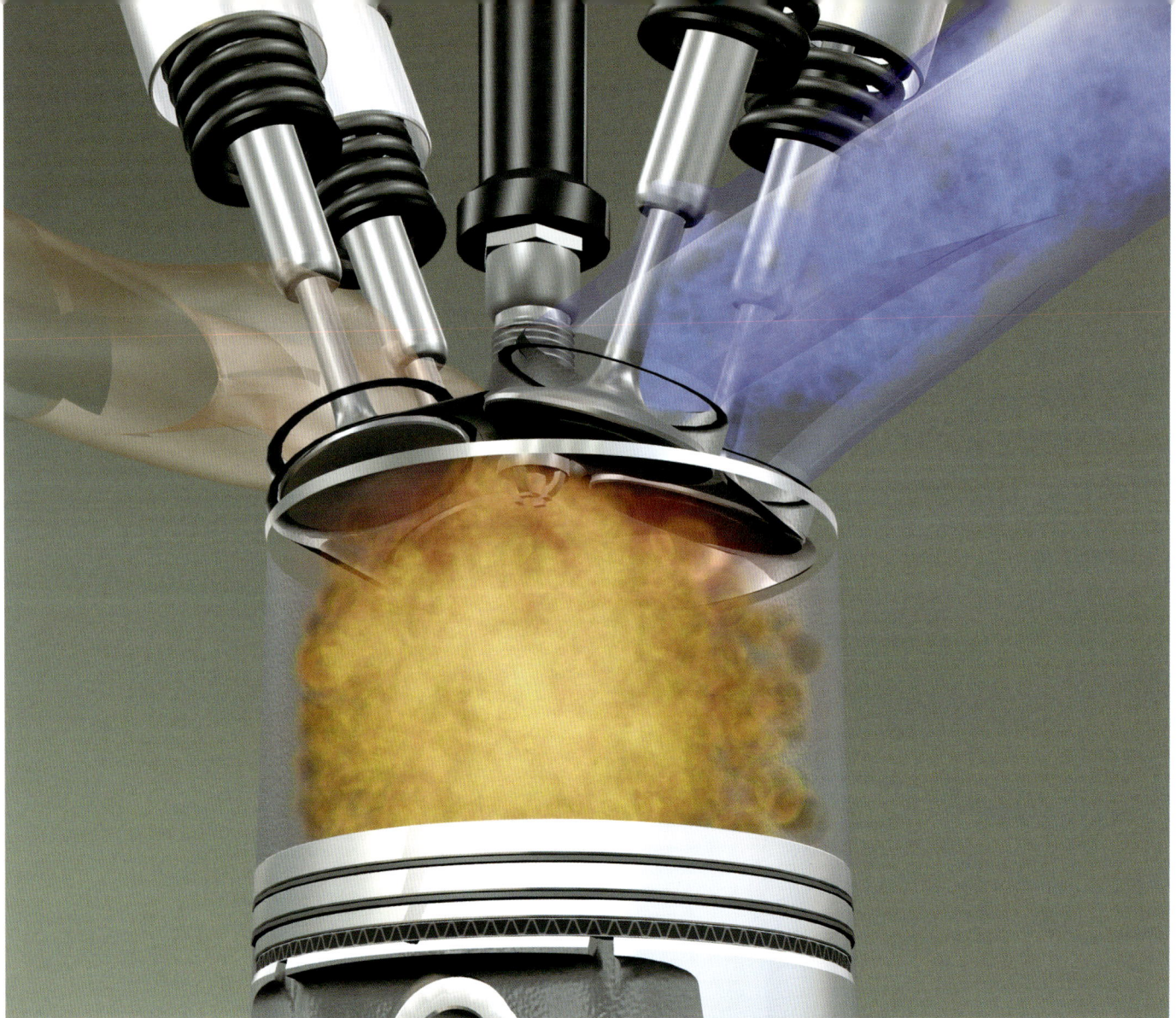

Vierzylinder-Viertakt:
Eine anschauliche Darstellung
dessen, was sich innerhalb
eines Viertaktzylinders in
einem Motorrad abspielt.

In vielerlei Hinsicht ist es leichter, Motorräder mittels der ECU zu tunen, als diese Arbeit mechanisch zu verrichten. Es sind verschiedene Geräte erhältlich, wie beispielsweise Dynojets Power Commander und Yoshimuras EMS, die in die ECU des Motorrads gesteckt werden und die Signale ändern. Auf diese Weise kann man die Informationen, die an die ECU gesendet werden oder von ihr kommen, manipulieren. So kann man beispielsweise die Benzinzufuhr und die Zündung zu fast jedem Zeitpunkt im Drehzahlbereich steuern, ohne etwas Anderes zu beeinflussen – etwas, was man mit Vergasern oder mechanischen Zündungen nur schwer erreichen kann. Zur Einstellung braucht man nur jemanden mit einem Prüfstand und der notwendigen Software und Erfahrung.

In der Vergangenheit hatten Motorräder mit Benzineinspritzung ähnliche Probleme wie solche mit Flachstrom-Schiebervergasern, weil der Fahrer die Drosselklappe direkt steuern konnte. Bei seiner GSX-R-Reihe hat Suzuki eine zweite Drosselklappe eingebaut, das von der "Black Box" gesteuert wird, damit die optimale Einlassgeschwindigkeit aufrechterhalten wird.

Theoretisch könnte dasselbe Gerät auch die Länge der Eingangskanäle virtuell variieren, um auf diese Weise den mittleren Drehzahlbereich und die Spitzenleistung zu verstärken. Honda hat bereits einige seiner Motorräder mit einer "Traction Control" ausgerüstet, es gibt allerdings keinen Grund, warum das nicht auch auf sportliche Modelle erweitert werden könnte.

Zündung

Das Zündsystem ist verantwortlich dafür, dass das Luft-Benzin-Gemisch in der Brennkammer gezündet wird. Das ist jedoch schwieriger, als es sich anhört. Zunächst muss das Gemisch zur genau richtigen Zeit gezündet werden, damit die maximale Leistung erzielt wird. In Motoren wird das in Graden der Kurbelwellendrehung gemessen, bevor oder nachdem der Kolben den oberen Totpunkt (OT), also den höchsten Punkt, erreicht.

Manche Menschen sind überrascht, wenn sie erkennen, dass das Luft-Benzin-Gemisch in vielen Fällen tatsächlich entzündet wird, bevor der Kolben die Spitze seines Takts erreicht. Man weiß zwar, dass sich das Gemisch ausdehnt und den Kolben runterdrückt, wenn es verbrennt. Man vergisst aber, dass das Gemisch verbrennt und nicht explodiert.

Aus diesem Grund ist die Trägheit der Kurbelwelle ausreichend, um sich weiterzudrehen, obwohl der Verbrennungsprozess beginnt, während er die Zylinderbohrung hinaufsteigt. Die Idee, die Verbrennung früher beginnen zu lassen, ist einleuchtend. Das Gemisch braucht zur Verbrennung und zur Erhöhung des Drucks im Zylinder Zeit.

Unglücklicherweise hat aber der Motor keine Zeit (bei hohen Drehzahlen hat das Gemisch nur einige Hundertstel Sekunden für die Verbrennung). Bei frühem Verbrennungsbeginn hat sich der Prozess bereits entwickelt, wenn der Kolben mit seiner Abwärtsbewegung beginnt. Zu diesem Zeitpunkt wünscht man sich den maximalen Druck.

Man sollte also bedenken: Wenn der Kolben in der Zylinderbohrung abwärts geht, vergrößert er das Zylindervolumen und verringert den Druck, was wiederum die Wirkung der Verbrennung schwächt. Tatsächlich wird die meiste Arbeit, die vom verbrannten Gas vollbracht wird, in den frühen Stufen des Taktes verrichtet. Die Zündung ist zeitlich so ausgelegt, dass sie den maximalen Wirkungsgrad während des Arbeitshubs erreicht.

Die Verbrennung wird von der Zündkerze ausgelöst. Dadurch dass hohe Spannung einen gewissen Abstand überbrückt, wird ein Funke erzeugt. Das regt die an den Funken anliegenden Moleküle genügend an, um den Verbrennungsprozess zu starten. Davon ausgehend verbreitet sich die Flamme durch das Ge-

misch hindurch, ähnlich wie eine kleine Welle auf einem Teich, bis das Gemisch vollständig verbrannt ist oder etwas die Verbrennung stoppt.

Es gibt verschiedene Dinge, die die Verbrennung stoppen können. Auf den vorhergehenden Seiten haben wir die Wichtigkeit eines gleichmäßigen Gemisches mehrfach betont. Falls das Gemisch ungleichmäßig ist, kann das die Verbrennung stoppen. Stellen Sie sich den Verbrennungsprozess wie einen Waldbrand vor. Unter idealen Bedingungen wird das Feuer von Baum zu Baum fortschreiten und den gesamten Wald verbrennen. Wenn aber die Bäume zu weit auseinander stehen (wenn der Wald zu "mager" ist), wird das Feuer nicht in der Lage sein, die Zwischenräume zu überwinden, und es wird Flächen mit unversehrten Bäumen geben. Das geschieht, wenn es sehr magere Bereiche im Gemisch gibt. Es gibt zudem kleine Bereiche an den Zylinderwänden, die nicht sauber verbrennen, weil die Wärmeenergie zur Anregung der Moleküle vom Metall absorbiert wird.

Die Bedingungen zur Zündung des Gemischs müssen stimmen. Falls aber das Zündsystem keine ausreichend hohe Spannung liefert oder eine schlechte Verbindung besteht, könnte der Funke nicht stark genug sein, das Gemisch sauber zu zünden oder den Abstand zwischen den Elektroden zu überspringen. In diesen Fällen wird es eine teilweise oder überhaupt keine Verbrennung geben – eine Fehlzündung. Aus diesem Grund muss das Zündsystem in einem guten Zustand gehalten werden.

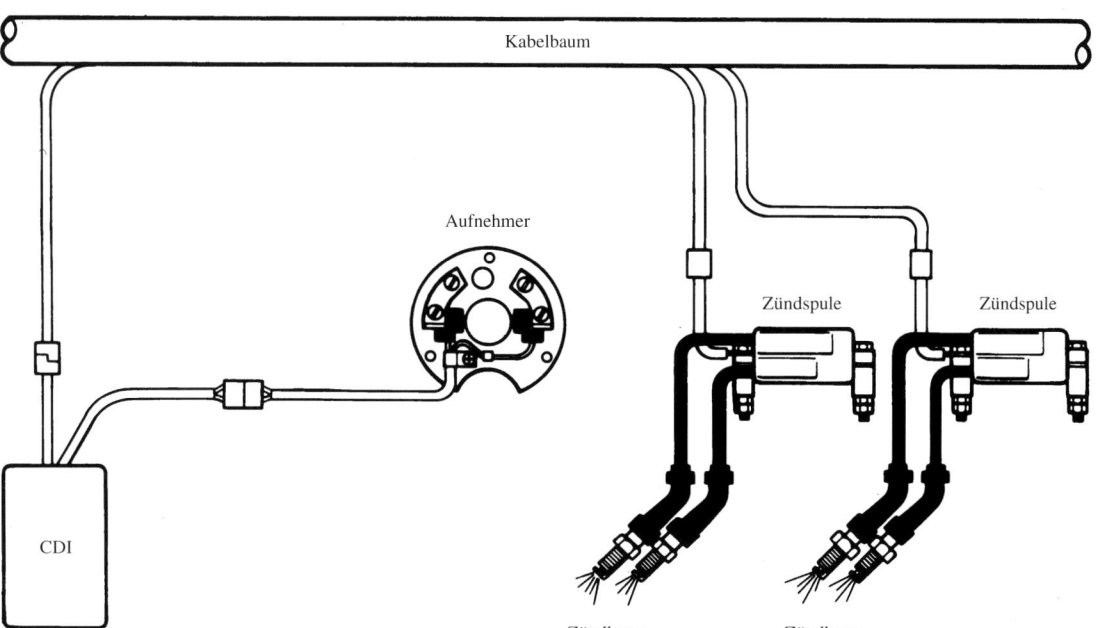

Die Zündung aufs Wesentliche beschränkt

Am Aufnehmer teilt die Kurbelwelle dem CDI-Gerät (einer Basis-ECU) mit, an welcher Stelle ihres Takts sie sich befindet. Mit dieser Information ausgestattet, teilt das CDI-Gerät den Zündspulen mit, dass und wann sie zu zünden haben. Jedes Zündspulenpaar an einem Vierzylinder zündet beide Kerzen gleichzeitig. Der Vorteil dieses Systems besteht in diesem Fall darin, dass man nur zwei Zündspulen für ein Vierzylindermotorrad braucht.

Kabelbaum

Aufnehmer

Zündspule

Zündspule

CDI

Zündkerze

Zündkerze

Rahmen

Was macht eigentlich Ihr Rahmen? Im Wesentlichen hält er Ihren Allerwertesten vom Boden sowie Ihre Räder im Zaum und stellt den "Lebensraum" für Ihren Motor zur Verfügung. Aber es gibt noch viel mehr Aufgaben für einen Rahmen.

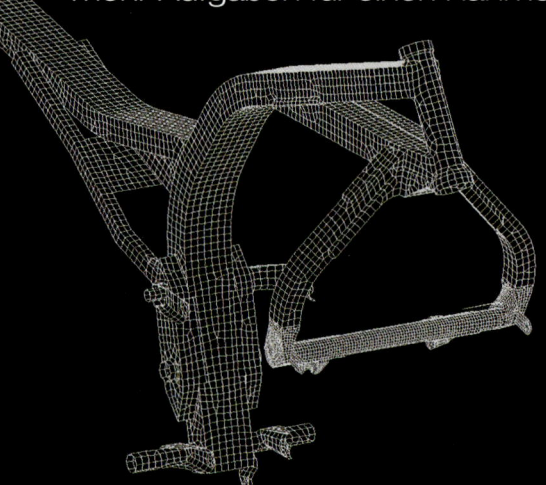

Schaut man einmal hinter das Wesentliche, dann hält der Rahmen die Schwinge und die Gabeln in den richtigen Höhen, Winkeln und Abständen, damit das Fahrverhalten otimal ist. Der Rahmen muss stabil genug sein, damit die Räder bei den erheblichen Brems-, Beschleunigungs- und Kurvenkräften in einer Linie bleiben. Eine ausreichende Stabilität ist notwendig, damit das vertikale Verhältnis des Lenkkopfs zur Maschine und das horizontale Verhältnis des Drehpunkts der Schwinge unabhängig von Kurven-, Brems- und Beschleunigungskräften gehalten wird.

Der Masseschwerpunkt einer Maschine ist kritisch bezüglich ihres Verhaltens bei Beschleunigung, Bremsen und Kurvenfahrten. Wenn man beschleunigt, ist die maximale Haftung am Hinterrad wünschenswert. Wenn man bremst, möchte man optimale Haftung am Vorderrad haben. Beim Kurvenfahren sollten beide Reifen gleichermaßen gut greifen und das Motorrad leicht eingelenkt werden können. Im allgemeinen wird das alles verbessert, wenn der Masseschwerpunkt hoch liegt. Falls der Schwerpunkt tiefer liegt, wird das Motorrad leichter zu steuern sein, obwohl man mehr Neigung braucht, um eine vorgegebene Kurve fahren zu können, und es gibt weniger Haftung als mit einem hoch liegenden Masseschwerpunkt. Um das Beste herausholen zu können, muss man einige Kompromisse bezüglich der Anordnung der wichtigsten Bauteile machen.

Wann ist ein Motor ein Rahmen?

Einige Motorräder haben fast keinen Rahmen, sie verwenden den Motor als tragendes Bauteil, an dem das vordere und das hintere Ende aufgehängt sind. In diesen Fällen ist der Motor tatsächlich der Rahmen. Ein sehr einfaches Beispiel für dieses Konzept ist Hondas "Semi-Pivotless"-System, bei dem die Schwinge um eine Lagerung im Getriebe dreht. Offensichtlich hat dieses Motorrad einen Rahmen für die Frontpartie und den Motor. Nehmen wir ein anderes Beispiel. Bei BMWs aktuellen Boxern sind die vordere und die hintere Aufhängung am Motor befestigt, mit Hilfsrahmen, die die restlichen Bestandteile des Motorrads tragen.

Doppelschleifen-Rahmen

Diese Rahmen sind von sehr konventioneller Bauart, es gibt sie bereits seit Jahren. Der Motor wird in ein Rohrgestell gehängt, dessen Rohrschleifen den Motor ganz umfassen. Das beliebteste Material für diese Rahmen ist Stahl, wobei manchmal Stahl mit Rechteckquerschnitt verwendet wird.

Brücken-Rahmen

Der Brückenrahmen ist sehr weit verbreitet, insbesondere bei Sportbikes. Typischerweise führen zwei große Profile vom Steuerkopf zum Schwingenlager hinunter, obwohl, wie zuvor erwähnt, die Schwingen einiger Motorräder auch im Getriebe gelagert sind. Gezogenes Aluminium oder Aluminium mit Rechteckquerschnitt sind die üblichen Materialien bei diesen Entwürfen, mit Gussteilen für den Schwingendrehpunkt. Manche Konstruktionen verwenden noch Stahl. Der Rahmen führt um den Motor herum und macht ihn so zu einem tragenden Bauteil, dessen Gehäuse verstärkt werden, um die Tragfähigkeit zu verbessern.

Weitere Rahmen

In den 70er- und 80er-Jahren, als die Motorenleistung die Fahrwerksleistung sehr schnell in den Schatten stellte, wuchs ein gewaltiger Zubehörmarkt für Rahmen heran. Heutzutage sind die meisten Standard-Rahmen mehr als ausreichend. Aber falls Sie das Individuelle lieben oder den Super-Rahmen wünschen, gibt es immer noch eine Menge Unternehmen, die einen maßgeschneiderten Rahmen bauen können.

Rückgrat-Rahmen

Sie sind beliebt bei Rollern und Mopeds und werden häufig aus Stahlblech hergestellt. Hondas Hornet ist ein Beispiel für ein größeres Motorrad, das dieses Konzept anwendet. Die Hornet hat ein rechteckiges Rückgraft, an dem der Motor hängt. Gussteile bilden das Schwingenlager. Rückgrat-Rahmen sind gut geeignet für automatisierte Massenproduktionstechniken, was ihre Anziehungskraft für Hersteller preiswerter Maschinen erklärt.

Gitterrohr-Rahmen

Diese Rahmen verwenden normalerweise den Motor als tragendes Bauteil. Gerade Stücke aus rundem oder Material mit rechteckigem Querschnitt, im allgemeinen Stahl, werden so zusammengeschweißt, dass sie leichte aber sehr steife Rahmen bilden. Das berühmteste moderne Beispiel für den Gitterrahmen stammt von Ducati.

Vorderrad-
Führung

Vorderradgabeln sind wohl die fleißigsten Bauteile bei jedem Motorrad. Sie müssen den Kontakt des Reifens mit der Straße optimieren, sowohl geradeaus als auch in der Kurve. Sie müssen die Fahrt über unebene Oberflächen glätten und das Abtauchen beim Bremsen minimieren. Außerdem müssen sie dem Fahrer eine Rückmeldung darüber geben, was die Vorderräder unter allen Bedingungen tun.

Bei einer Vorderradgabel laufen die sogenannten Gleit- oder Standrohre innerhalb der beiden Tauchrohre. Es gibt zwei Grundtypen, die heutzutage allgemein verwendet werden – Standrohr oberhalb des Tauchrohrs und Standrohr unterhalb des Tauchrohrs (USD = "Upside Down"). Es gibt auch andere Systeme, Teleskopgabeln sind aber bei weitem am gebräuchlichsten.

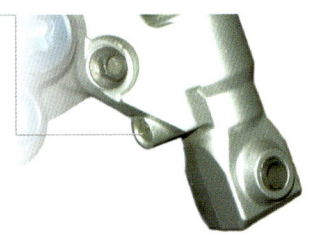

Zugstufendämpfung: Die Federn drücken die Gabel nach einem Stoß allein wieder nach oben, diese Bewegung wird durch die Zugstufendämpfung verzögert.

Vorspannung: An diesen Schrauben stellt man die Federvorspannung ein, was die Feder nicht härter macht, sondern nur die Fahrhöhe beeinflusst.

Druckstufendämpfung: Hier bestimmt man die Einfedergeschwindigkeit der Telegabel.

Federn

Schraubenfedern sind für die Federungsaufgaben einer solchen Telegabel verantwortlich. Die preiswerteste Art sind Federn aus gleichmäßig gewickelten Windungen, die gleichmäßig zusammengedrückt werden. Weil dieser einfache Typ beim Zusammendrücken nicht progressiv wird, besteht die Gefahr, dass die Gabel bis zum Anschlag nach unten geht, wenn sie harte Stöße bei hohen Geschwindigkeiten treffen. Besser als dieser einfache Typ sind deshalb progressive Federn, die aus zwei Federn unterschiedlicher Stärke oder einer Feder mit unterschiedlich weiten Wicklungen bestehen können. Die weichere Feder ist für kleinere Stöße zuständig, und wenn sie vollständig zusammengedrückt ist, kommt die zweite, stärkere Feder oder ein Teil davon ins Spiel.

Dämpfung

Wenn man auf eine Unebenheit in der Straße trifft, werden die Gabelfedern zusammengedrückt. Als nächstes möchten sie sich wieder ausdehnen und das Motorrad nach oben drücken – die Energie, die sie dabei absorbiert haben, muss irgendwo hin. Eine Reihe von Stößen besitzt das Potenzial, die Aufhängung in Resonanz zu bringen, das Motorrad stampft und hüpft über die ungleichmäßige Oberfläche.

Dämpfung ist die Methode, diesen Effekt zu beherrschen. Einige Mopeds, Roller und Leichtgewichte kommen ohne jegliche Dämpfung aus oder vertrauen auf die Reibung.

Bei anderen Maschinen findet man eine hydraulische Dämpfung. Ventile steuern die Dämpfung. Gas und Luft sind ebenfalls als Hilfsmittel für die Dämpfung im Einsatz.

Einstellung

Preiswerte und Motorräder kleiner Leistung haben häufig eine Aufhängung, die man nicht einstellen kann. Und für die meisten Fahrer dieser Maschinen bleibt diese fehlenden Einstellmöglichkeiten unbemerkt. Bei größeren Motorrädern, insbesondere bei Sportbikes und Tourern gibt es im allgemeinen vier Haupteinstellfaktoren – Vorspannung, Höhe der Gabeln, Zug- und Druckstufen-Dämpfung.

Die Vorspannungs-Einstellung findet man oben an den Gabeln. Sie ändert die wirksame Länge der Federn. Sie macht die Aufhängung nicht weicher oder härter, sondern variiert die Fahrhöhe und den Wert, um den das Motorrad auf seiner Aufhängung hängt. Die Einsteller der Zugstufen-Dämpfung sind normalerweise ebenfalls oben auf der Gabel zu finden, und bestimmen, wie schnell diese nach dem Eintauchen wieder ausfedert. Die Einsteller Druckstufen-Dämpfung befinden sich unten an den Gabeln, damit kann man die Eintauchgeschwindigkeit justieren.

Als Ihr Motorrad das Geschäft des Händlers verlassen hat, sollte die Federung auf die Grundeinstellung eingestellt gewesen sein, wie sie vom Hersteller im Eignerhandbuch vorgeschlagen worden ist. Diese Einstellung ist stets ein guter Durchschnitt für normale Straßenbedingungen, für normalen Fahrstil und für normales Fahrergewicht. Aber keine Straße oder kein Fahrer entspricht dem Durchschnitt, deshalb sollten Sie mit den Einstellern etwas herumexperimentieren. Denken Sie daran, die Einstellungen nach und nach vorzunehmen.

Falls Sie nicht die jüngste für Rennen zugelassene Sportbike-Kopie gekauft haben: die Aufhängung Ihres Motorrads stellt einen Kosten-Kompromiss dar. Das heißt nicht, dass die Kopie nicht Ihren Ansprüchen genügt.

Hinterrad-
Aufhängung

Wie die vorderen Gabeln hat auch der hintere Stoßdämpfer allerhand zu tun. Er muss den Reifenkontakt mit der Straße geradeaus und in Kurven optimieren, die Fahrt über unebene Oberflächen dämpfen und dem Fahrer eine Rückmeldung darüber geben, auf welcher Höhe der Reifen ist. Die Hinterradaufhängung spielt also eine wichtige Rolle dabei, eine möglichst hohe Leistung auf die Straße zu bringen, ohne dass die Räder durchdrehen. Falls Ihr Motorrad keine Hinterradaufhängung und eine nennenswerte Leistung hätte, würde das Hinterrad genauso viel Zeit in der Luft wie im Kontakt mit der Straße sein.

Was ist in einem Stoßdämpfer?

Eine externe Feder ist für die Federung zuständig. Wie die Federn in der Vorderradgabel ist sie häufig progressiv ausgelegt, auf diese Weise wird sie beim Zusammendrücken immer härter. Bei vielen "Monoshock"-Motorrädern kommt eine progressiv wirkende Hebelei zum Einsatz, die mit dem Stoßdämpfer an Schwinge und Rahmen verbunden ist, hier kann eine preiswert herzustellende Feder mit konstanter Federrate verwendet werden.

Diese Feder befindet sich außerhalb des Stoßdämpfers, der typischerweise mit Öl gefüllt ist. Das Öl strömt durch Ausgleichsscheiben, die die Geschwindigkeit begrenzen, mit der es hindurchfließt.

Dämpfereinstellung

Billige Stoßdämpfer, wie man sie bei preiswerten Motorrädern und vielen kleinen Maschinen vorfindet, tendieren dazu, straffen Federn und einer Grunddämpfung zu vertrauen. Die anspruchsvolleren Stoßdämpfer kombinieren bessere Federn mit einstellbarer Dämpfung. Viele verwenden komprimiertes Gas, um das Öl unter Druck zu halten. Was verhindert, dass sich Blasen bilden und die Dämpfung verlorengeht, wenn der Stoßdämpfer hart und schnell arbeitet. Einige Dämpfer verfügen auch über Längeneinstellung, die das Heck des Motorrads anheben.

Die Vorspannung am hinteren Stoßdämpfer wird normalerweise mittels einer gestuften Muffe oder Ringen mit Gewinde am Stoßdämpfergehäuse eingestellt. Wird diese Einstellung erhöht, dann verringert

sich der Negativfederweg, und das Motorrad liegt ein wenig höher. An einigen Stoßdämpfern befinden sich hydraulische Einsteller für diese Arbeit. Die Einstellung der Zugstufe erfolgt im allgemeinen am unteren Ende des Stoßdämpfers und die Einstellung der Druckstufe am oberen Ende.

Die meisten Stoßdämpfer von Motorrädern aus der Massenproduktion sind kostenoptimiert gebaut. Es ist aber so, wie bei den Vorderradgabeln: Viele sind ausgezeichnet und mehr als ausreichend, wenn auch nicht für Rennfahrer und Rennverrückte. Aufwertung und Federn mit unterschiedlichen Federraten sind die preiswertesten Lösungen, die Standardausrüstung auf Ihre Bedürfnisse zuzuschneidern. Es gibt einen riesigen Zubehörmarkt für Fahrer, die Alternativen suchen und diejenigen, die zusätzliche Leistung wünschen. Der Markt bietet Dämpfer, die häufig besser und preiswerter als die Original-Ausrüstung sind.

Insbesondere die Lage von Einzelstoßdämpfern bei einem Motorrad bedeutet, dass die Dämpfer von Straßenschmutz und Wasser, das vom Hinterrad weggeschleudert wird, bedeckt werden kann. Ein Abweiser kann den Dämpfer vor dem Schlimmsten bewahren. Die Dämpfer können auch sehr heiß werden durch die Wärme, die während des Betriebs im Innern erzeugt wird. Denn der Dämpfer sitzt dicht neben dem Motor und weit entfernt vom kühlenden Luftstrom. Aus diesem Grund sind Dämpfungssysteme in den vergangenen Jahren schrittweise besser geworden, insbesondere die High-End-Dämpfer. Einige bewahren das Dämpfungsmedium in einem separaten Speicher auf, der entfernt oder auf der Rückseite des Dämpfers liegt.

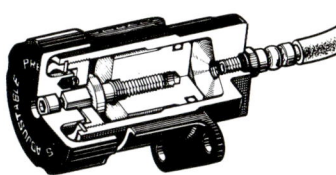

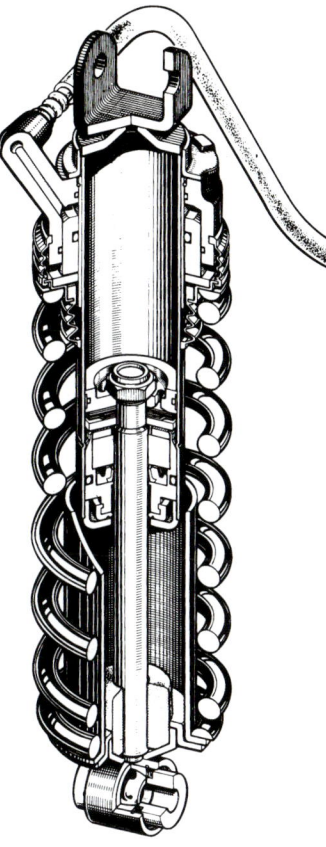

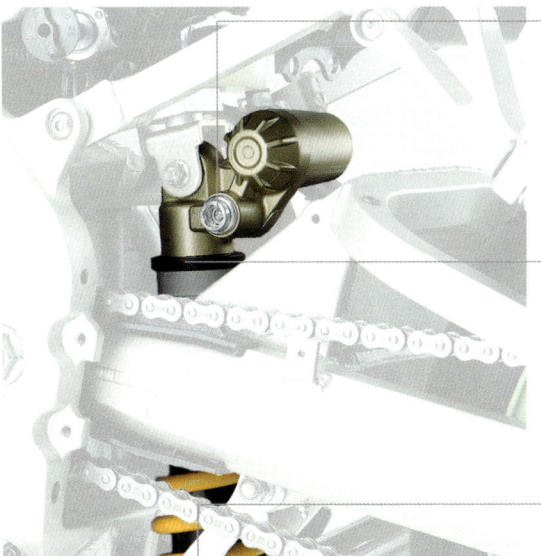

Druckstufendämpfung: Hier bestimmt man die Einfedergeschwindigkeit des Dämpfers.

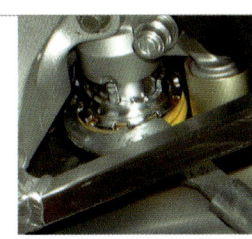

Vorspannung: An diesen Schrauben stellt man die Federvorspannung ein, was die Feder nicht härter macht, sondern nur die Fahrhöhe beeinflusst.

Zugstufendämpfung: Die Federn drücken die Schwinge nach einem Stoß allein wieder nach oben, diese Bewegung wird durch die Zugstufendämpfung verzögert.

Schwingen

Die meisten Schwingen, mit denen moderne Motorräder ausgestattet sind, sind der Aufgabe gewachsen, für die sie konstruiert sind. Grundsätzlich tragen sie das Hinterrad und bewahren mit einem oder zwei Stoßdämpfer(n) und dem dazugehörigen Gestänge den Reifen davor, in die Unterseite des Sitzes gerammt zu werden.

Sie wirken mächtig und sehr solide: Moderne Aluminium-Schwingen sind mit massiven Verstärkungen ausgestattet, trotzdem aber leichter als vergleichbare Stahlschwingen.

Hinter den Grundfunktionen einer Schwinge verbirgt sich viel mehr. Wie bei den Rahmen ist auch hier die Steifigkeit ein wichtiger Punkt. Früher bei Rohr-Schwingen auf schwächlichen Halterungen war es möglich, dass sich das Rad seitlich verbog und dadurch ein unmögliches Handling verursachte. Zu der Zeit waren die Leistungen und die Reifen der Motorräder aber dergestalt, dass nicht besonders viele Anforderungen an das entsprechende Fahrwerk gestellt wurden. Winkelstücke zwischen den beiden Armen der Schwinge und dem Lager halfen gegen Verbiegung. Das Material war normalerweise Stahlrohr. Da aber die Ausgangsleistungen höher und die Motorräder besser wurden, begannen die Hersteller damit, Konstruktionen mit rechteckigen Querschnitten zu verwenden. Das einzige Problem war, dass der Gewichtszuwachs höher wurde, da sich der Querschnitt dieser Schwingen mit weiterer Leistungserhöhung ebenfalls vergrößerte. Auch die Verstrebungen wurden größer und schwerer.

Moderne Schwingen

Heutzutage liegen die Dinge anders. Viele Motorräder verwenden immer noch Stahlschwingen. Aber Stahlrohre findet man im allgemeinen nur noch bei "Twinshock"-Leichtgewichten. Auch Schwingen aus Stahl mit Rechteckquerschnitt sind immer noch durchaus üblich, insbesondere bei mittelschweren, preiswerten Roadstern.

Heutzutage ist allerdings Aluminium das Maß der Dinge, insbesondere bei Hochleistungs-Motorrädern. Offensichtlich ist Aluminium leichter als Stahl, aber nicht so kräftig. Dennoch ist ein Schwinge aus Aluminiumlegierung, die genauso kräftig und schwer ist wie eine Stahlschwinge, steifer. Deshalb ist es möglich, Schwingen aus Aluminiumlegierung zu bauen, die genauso steif wie Stahl aber leichter sind.

Auf einer Seite

Einarmige Schwingen sind ein Segen für leichtes Radwechseln im Dauerstress der Rennwettbewerbe.

Sie sind zwar außergewöhnlich steif, aber sie führen auch zu einem Gewichtszuwachs. Ducatis Spitzensportbike-Modelle sind damit ausgestattet. Triumphs 955i ist allerdings zu einem konventionelleren System zurückgekehrt. Bis vor kurzem verwendeten die Ducatis eine einarmige Schwinge, die sich im Kurbelwellengehäuse statt im Rahmen drehte, wie es normalerweise der Fall ist.

Leichter

Schwingen spielen eine große Rolle beim verzwickten Problem der ungefederten Masse. Ein gewisser Anteil vom Gewicht des Aufhängungssystems trägt zur ungefederten Masse bei. Grundsätzlich ist es so, dass je niedriger der Anteil der ungefederten Masse des Motorrads ist, desto besser ist das Handling. Der Hauptgrund dafür ist, dass die ungefederte Masse während der Bewegung in Fahrt kommt und damit die Aufhängung durcheinander bringt. Daher neigt eine schweres Motorrad in einem kleinen Gang dazu, sich ruhiger zu verhalten, als eine abgespeckte Sportster mit dem gleichen Fahrwerk.

Kompromiss

Deshalb sind Schwingen Kompromisse zwischen Steifigkeit und Gewicht. Viele Angebote auf dem Zubehörmarkt bieten zwar zusätzliche Steifigkeit aber keinen besonderen Gewichtsvorteil. Eine Schwinge in vollem Renneinsatz aus so etwas Exotischem wie Magnesium oder Kohlefaser würde das Beste aller Welten bieten, aber wenn Sie nicht den ganzen Tag auf dem Motorrad sitzen, werden Sie wahrscheinlich keinen Vorteil spüren.

Es gibt auch einen blühenden Zubehörmarkt für Schwingen, der zuerst in den alten Tagen der biegsamen Rahmen und Schwingen in Erscheinung trat. Diese Schwingen sind häufig wunderschön konstruiert mit Superverstrebungen. Sie bieten auch verbesserte Stoßdämpfer-Hebeleien und die Möglichkeit, den Radstand einzustellen.

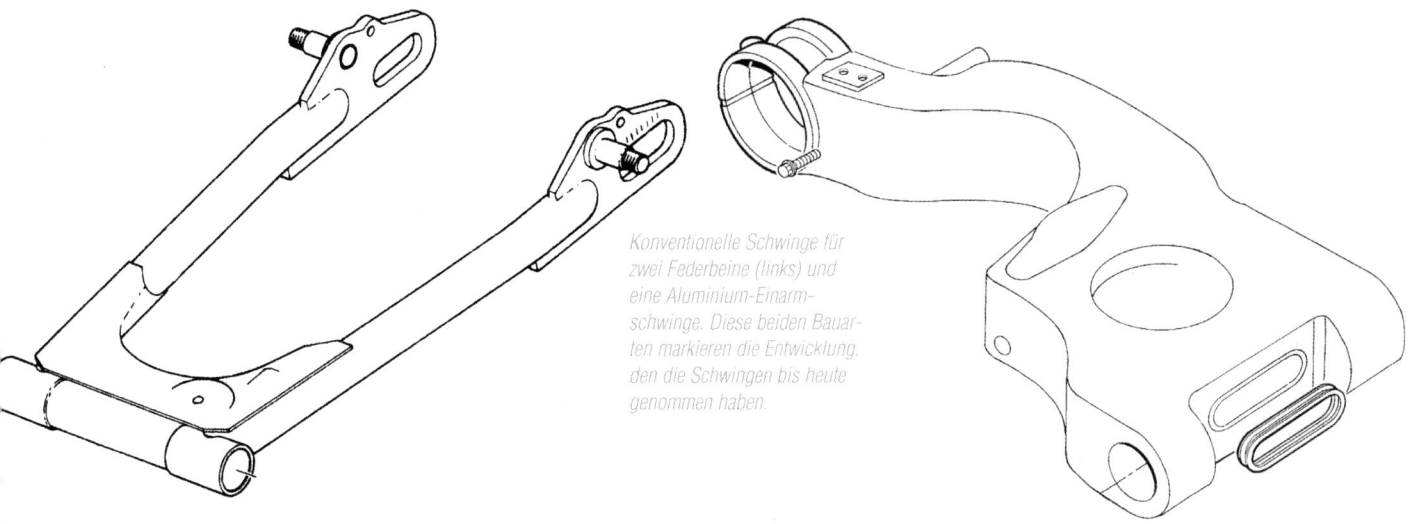

Konventionelle Schwinge für zwei Federbeine (links) und eine Aluminium-Einarmschwinge. Diese beiden Bauarten markieren die Entwicklung, den die Schwingen bis heute genommen haben.

Räder

Räder nehmen einen ziemlich großen Anteil der Kräfte auf, die beim Beschleunigen und beim Bremsen durch das Gewicht des Motorrads sowie durch das Fahren über unregelmäßige Straßenoberflächen und Schlaglöcher freigesetzt werden. Räder gibt's als Drahtspeichen- und als Gussräder.

Ein Drahtspeichenrad (links) wirkt beinahe filigran im Vergleich zu einem deutlich wuchtiger erscheinenden Gussrad.

Drahtpeichenräder

Speichenräder sind heutzutage weniger üblich, aber sie sind immer noch bei einigen leichten Straßenmotorrädern, bei Retros und Geländemaschinen anzutreffen. Geländemaschinen verwenden Speichenräder wegen ihres geringen Gewichts und ihrer Belastbarkeit im Off-Road-Betrieb, was teilweise ihrer inneren Flexibilität zu verdanken ist. Die GS-Reihe von BMW ist eine Ausnahme von dieser Regel, obwohl man sagen muss, dass die GS auch Geländefähigkeiten für sich in Anspruch nimmt. Die BMW hat Speichenräder, wobei die Speichen so klug angebracht sind, dass man schlauchlose Reifen verwenden kann – die Speichen sitzen außerhalb des Felgenbetts. Moto Guzzi hat ein vergleichbares System. Schlauchlose Reifen können nicht auf konventionellen Speichenrädern verwendet werden, da die Luft aus den Speichenlöchern entweichen würde.

Gussräder

Gussräder sind zur Norm für die meisten Motorräder geworden, weil sie leicht, stabil und in der Massenproduktion leicht herzustellen sind. Bei einem modernen Hochleistungs-Superbike würde es nicht lange dauern, bis Drahtspeichen gebrochen wären. Außerdem sind moderne Radialreifenkonstruktionen schlauchlos, weshalb Gussräder die naheliegende Wahl für die meisten Anwendungen sind. Gussräder werden normalerweise in einem einzigen Gussteil hergestellt, das bereits Nabe, Felge und Speichen enthält, anders als die drei separaten Bauteile eines Speichenrads.

Ein weiterer Vorteil: Die Naben konnten schmaler werden als bei Speichenrädern, so dass mehr Platz für die Befestigung von Scheibenbremsen zur Verfügung steht. Die Gussräder auf Straßenmaschinen sind aus gewöhnlicher Aluminiumlegierung hergestellt. Einige Spitzen-Sportbikes werden heutzutage mit Magnesium-Rädern geschmückt, die auch auf dem Zubehörmarkt erhältlich sind.

Die Sache mit dem Rad

Das Wichtigste für ein Rad: Es muss rund sein. Das ist nicht flapsig gemeint. Wenn das Rad sich von der runden Form entfernt, weil es vielleicht beschädigt wurde, kann das Handling durcheinander geraten, die Reifen können unregelmäßig verschleißen, und schlauchlose Reifen können die Luft verlieren. Geringe Alterserscheinungen sind zulässig, falls Sie darüber im Zweifel sind, lassen Sie die Unregelmäßigkeiten prüfen. Speichenräder können zentriert werden, wenn die Schäden nicht zu groß sind. Aber jede Macke an der Felge, jede beschädigte Gussspeiche bedeutet, dass ein Gussrad ersetzt werden muss. Ein Gussrad kann Risse erleiden, die mit dem Auge nicht erkennbar sind. Wenn Sie also irgendwelche Zweifel haben, lassen Sie Ihre Räder von einem Spezialisten prüfen.

Erleichterung

Es gibt einen großen Zubehörmarkt für Räder, der von den Erbauern von Speichenrädern bis zu Unternehmen reicht, die Wettbewerbsräder aus exotischen Materialien fertigen, wie beispielsweise Kohlefaser und Magnesium sowie andere Leichtlegierungen. Außer dass sie wirklich super aussehen, bringen die leichten Rädern natürlich auch deutliche Einsparungen an ungefederter Masse. Ein weiterer Vorteil ist, dass leichte Vorderräder beim Lenken helfen können, weil man weniger Kreiselwirkung überwinden muss. Zum Verständnis der Kreiselwirkung: Wenn Sie das nächste Mal einen Reifen beim Fahrrad wechseln müssen, halten Sie das Rad an der Achse fest und bitten einen Freund, es in Drehung zu versetzen. Bewegen Sie nun Ihre Hände auf und ab und zur Seite. Sie werden spüren, dass einige starke Kräfte im Spiel sind. Wie aber bei vielen Dingen beim Motorradfahren, gibt es auch hier einen Kompromiss. Schwerere Räder unterstützen die Geradeaus-Stabilität. Deshalb schreibt Honda einen schweren Reifen für die Gold Wing vor.

Bremsen

Wenn Sie nicht gerade ein Speedway-Fahrer sind, werden Sie die Bedeutung ordentlicher Bremsen zu schätzen wissen. Abgesehen von einigen Leichtgewichten, Rollern oder Retros sind es heutzutage im allgemeinen rundherum Scheibenbremsen – und viele der Motorräder, die hinten mit Trommelbremsen ausgestattet sind, haben sich für Scheibenbremsen vorne entschieden.

Trommelbremsen

Wir werden uns bei den weniger gebräuchlichen Trommelbremsen kurz fassen. Sie funktionieren, indem Schuhe, die mit Reibmaterial überzogen wurden, in Kontakt mit der stählernen Innenseite einer Trommel kommen. Die Schuhe werden mittels einem oder mehreren Nocken bewegt. Rückholfedern ziehen die Schuhe zurück, wenn die Bremshebel losgelassen werden. Trommelbremsen erfüllen ihre Aufgabe bei leichten Motorrädern mit wenig PS – vorausgesetzt die Trommel ist noch nicht zu sehr abgenutzt, die Bremsbeläge noch okay und die Bowdenzüge gut in Schuss. Trommelbremsen sind weniger wirksam, wenn es um die Wärmeabfuhr geht. Vor der weiten Verbreitung von Scheibenbremsen wurden auf Rennmotorrädern und größeren Straßenmaschinen riesige Trommeln verwendet.

Trommelbremsen: Einfache Funktion, aber den Fahrleistungen moderner Motorräder in den meisten Fällen nicht mehr gewachsen

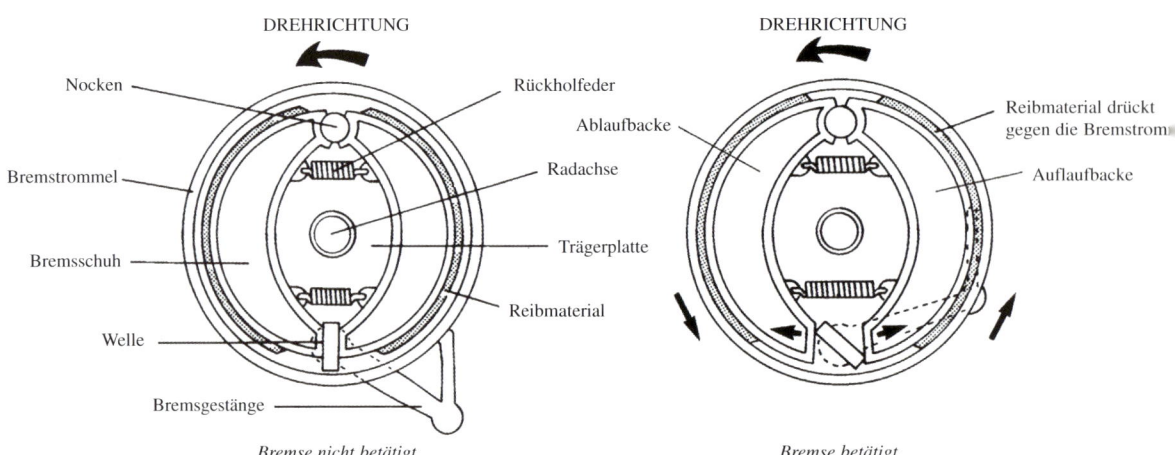

Bremse nicht betätigt

Bremse betätigt

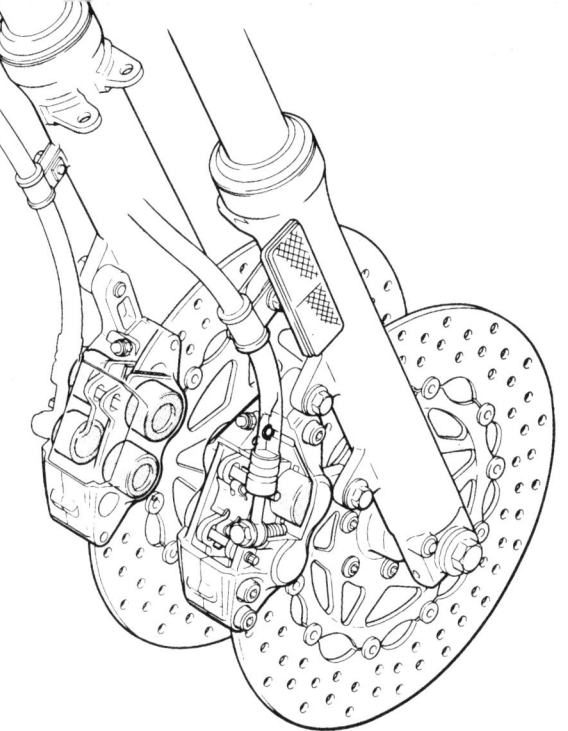

Scheibenbremsen

Scheibenbremsen sind weitaus wirkungsvoller als Trommelbremsen. Wie müssen der Flugzeugindustrie dankbar sein für Scheibenbremsen, aber es hat einige Jahrzehnte gedauert, bis die leistungsfähigen Systeme entwickelt waren, wie man sie in den heutigen Motorrädern vorfindet.

Kolben, die vom hinteren oder vorderen Hauptzylinder hydraulisch in den Bremszangen arbeiten, wirken auf die Stahlbacken der Reibungsbeläge, die auf die Scheibe drücken.

Die einfachste Bremszange besitzt einen einzigen Kolben, der einen Bremsbelag drückt und den anderen (fixierten) beim Zurückgleiten gegen die Scheibe zieht. Eine Doppelkolben-Bremszange hat ein Kolbenpaar. Bremszangen mit mehreren Kolben sind an Motorrädern vorne durchaus üblich. Vierkolbenbremszangen sind weit verbreitet. Kawasaki stattet beispielsweise einige seiner Sportbikes mit Sechskolbenzangen von Tokico aus. Aber es geht nicht nur um die Anzahl der Kolben. Ihre Fläche und ihr Verhältnis zum Hauptzylinder am Bremshebel ist ebenfalls wichtig; ebenso die Fläche der Beläge. Der Kolben des Hauptzylinders hat eine kleine Fläche, während die Fläche des Kolbens oder der Kolben in der Bremszange groß ist. Das verursacht etwas, was man den "hydraulischen Vervielfachungseffekt" nennt. Das bedeutet: Eine relativ kleine Kraft am Bremshebel sorgt für viel stärkere Kräfte an der Bremszange. Wenn die Bremsen nicht mehr betätigt werden, drückt die Scheibe die Bremsbeläge leicht weg, und eine Gummidichtung zwischen Bremszange und Kolben, die so geformt ist, dass sie sich ein wenig verdreht, wenn der Kolben austritt, zieht die Bremsbeläge wieder zurück.

Vierkolbenzangen lassen längere und schmalere Bremsbeläge zu. Das bedeutet, dass die Arbeitsfläche auf der Scheibe schmaler und damit leichter ausfallen kann, was wiederum die ungefederte Masse und die Kreiselkräfte reduziert.

Scheiben und Beläge

Scheiben bestehen normalerweise aus Stahl. Es gibt Grenzwerte, wie schmal und dünn sie sein dürfen, weil sie stabil sein müssen und eine Menge Wärme abzuführen haben. Bei vielen modernen Konstruktionen kann die Scheibe auf ihrem Träger "schwimmen", damit der Kontakt zum Bremsbelag optimiert wird und etwas Platz für die Wärmeausdehnung bleibt, so dass sie sich nicht verziehen kann.

Die Bremsbeläge bestehen heutzutage meist aus Sintermetall, weil dieses Material auch bei Feuchtigkeit gut arbeitet – was frühere Scheibensysteme nicht von sich behaupten konnten. Unterschiedliche Mischungen für unterschiedliche Anwendungen sind ebenfalls erhältlich.

Hochleistungs-Rennmaschinen verwenden Bremsen aus Kohlefaser (Beläge und Scheiben), die aber sind für Straßenmotorräder nicht geeignet. Ähnlich ist es mit den Mischbelägen, wie sie bei Rennen eingesetzt werden: Sie funktionieren zwar auf der Rennpiste, allerdings nicht so gut bei Standardbremsen für die Straße, obwohl es viele Beläge auf dem Zubehörmarkt gibt, die eine höhere Leistung für den täglichen Gebrauch bieten.

Weitere Bremspunkte

Einige Motorräder haben kombinierte Bremssysteme, bei denen die Betätigung der vorderen oder hinteren Bremse zur vollständigen oder teilweisen Betätigung der anderen Bremse führt. Das ist nicht nach jedermanns Geschmack, da viele Fahrer die individuelle Betätigung der Bremsen bevorzugen.

Andere Maschinen haben Antiblockier-Bremssysteme, die normalerweise nicht zur Standardausstattung gehören aber optional erhältlich sind. Damit können die Fahrer hart bremsen, ohne dass das Motorrad ins Schleudern gerät.

Die Wirksamkeit Ihrer Scheibenbremsen beruht auf der richtigen Wartung des Bremssystems und des regelmäßigen Wechselns der passenden Bremsflüssigkeit. Schauen Sie in Ihr Handbuch.

Chassis
-Teile

Auf dem Zubehörmarkt gibt es Alternativen für beinahe jedes Fahrwerksteil, das wir in den vorigen Kapiteln besprochen haben. Es gibt aber auch andere nützliche Dinge, die eine Überlegung wert sein könnten.

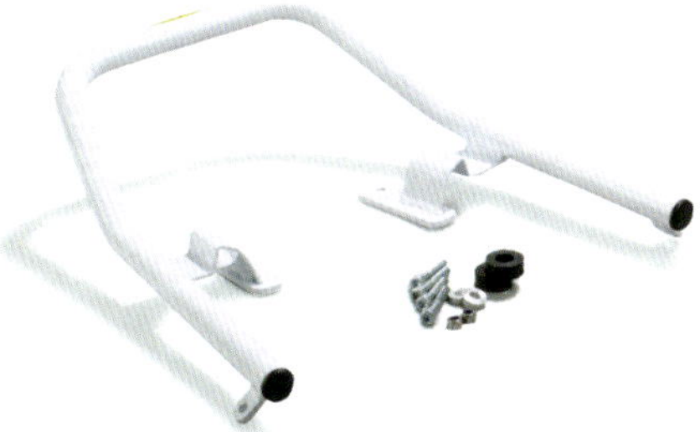

Haltegriffe: Viele Motorräder, insbesondere Sportbikes, bieten dem Sozius wenig Halt. Es gibt Griffe auf dem Zubehörmarkt, die dem Sozius etwas zum Festhalten an die Hand geben, wenn er nicht zu intim mit dem Fahrer sein möchte.

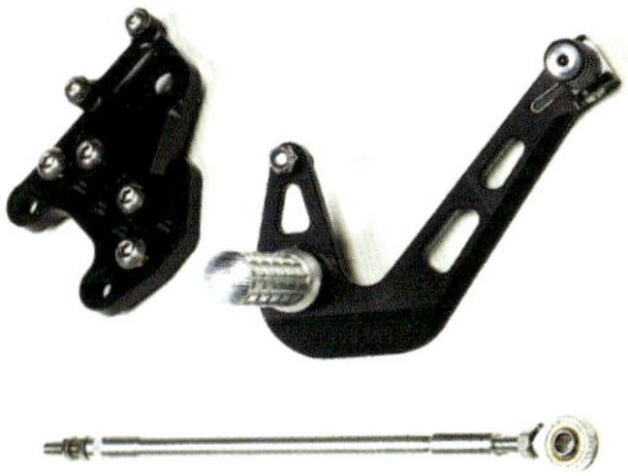

Kotflügel: Die meisten Mono-shock-Motorräder bieten nur wenig Schutz für den hinteren Stoßdämpfer und seine Hebelei. Ein Verkleidung, die auf der Schwinge befestigt wird, reduziert die Wasser- und Dreckmenge, die auf den Stoßdämpfer, die Schwinge und die Rückseite des Motors geworfen wird. Die meisten dieser Innenkotflügel ersetzen den Standard-Kettenschutz. Vergewissern Sie sich bei preiswerten Versionen, dass Spiel für Reifen und Kette bleibt.

Fußrasten: Manchmal bieten Standard-Fußrasten nicht genügend Bodenfreiheit. Entsprechende Bausätze aus dem Zubehör setzen Fußrasten und Hebel höher und weiter nach hinten. Viele dieser Bausätze haben einen breiten Einstellbereich.

Crashpads: Motorradverkleidungs- und fahrwerksteile sind teuer, deshalb sollte man darüber nachdenken, einen Satz von Crashpads anzubringen. Vergessen Sie die billigen Minimalausführungen, die beim ersten Anzeichen eines Aufpralls rasch aufgeben. Kaufen Sie Ausführungen, die sauber mit Rahmen und Motorhalterung verschraubt werden können.

Clip-ons: Wenn Sie sich schon für rassige Fußrasten entschieden haben, sollten sie auch über neue Lenkerstummel nachdenken. Die auf dem Zubehörmarkt erhältlichen Teile bieten im allgemeinen mehr Ein- stellmöglichkeiten und sie sind oft leichter als die Standard-Lenker.

Frontscheiben: Für Motorräder ohne (Wind-)Schutzscheiben gibt es eine Menge Möglichkeiten zum Anschrauben, damit ein kleiner Wetterschutz erreicht wird. Falls Sie ein verkleidetes Motorrad besitzen und die Standard-Scheibe unpassend finden, gibt es höhere und breitere Alternativen.

Lenkungsdämpfer: Diese hydraulischen Teile sind so konstruiert, dass die Lenker nicht unkontrolliert von einer Seite auf die andere flattern. Im allgemeinen ist die Dämpfung einstellbar, und sie werden zwischen Rahmen und Gabeln angebracht. Die Fahrwerksgeometrie der meisten modernen Motorräder macht sie die meiste Zeit ausreichend stabil. Aber manche Motorräder mit radikalerer Geometrie können zum Lenkerschlagen neigen, wenn sie hart genommen werden. Ein anständiger Dämpfer reduziert das Problem.

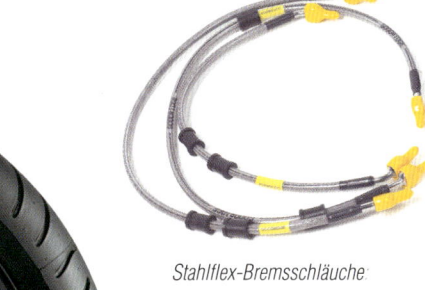

Stahlflex-Bremsschläuche: Einige Motorräder sind heutzutage bereits standardmäßig mit dieser Art von Bremsschläuchen ausgerüstet. Falls nicht, dann macht das einen gewaltigen Unterschied aus, den man in der Einstellung der Scheibenbremsen spürt. Diese Schläuche sind weniger anfällig für Ausdehnungen als konventionelle Leitungen. Rostfreier Stahl und Kevlar sind beliebte Materialien für diese Schläuche.

Wartung und Pflege

Werkzeug
und Wartung

Wartung ist lebenswichtig. Nur ein paar einfache Prüfungen – sogar ein rascher Blick bevor's losgeht – machen häufig den Unterschied aus, ob man ein Problem früh erkennt oder später teuer reparieren muss. Sie können sogar einen Unfall verhindern.

Bei jedem Fahrzeug verschleißen Teile, brechen und werden locker. Schließlich müssen eine Menge von Teilen ziemlich extreme Dinge tun. Denken Sie nur an die Kräfte, die auf ein Motorrad wirken, und Sie können sich ausmalen, wie wichtig es ist, zu prüfen, ob die Achsen fest sitzen und ob der Motor genug Öl hat. Eine umfassende Liste mit täglichen und wöchentlichen Prüfungen findet man im Fahrer-Handbuch, falls Sie aber keins haben, ist die Liste dessen, was Sie prüfen müssen, ziemlich einfach. Einmal wöchentlich sollten Sie die Reifendrücke, Öl-stände und Zugeinstellungen checken. Sie sollten wissen, ob die meisten dieser Dinge während der Fahrt nachgestellt werden müssen.

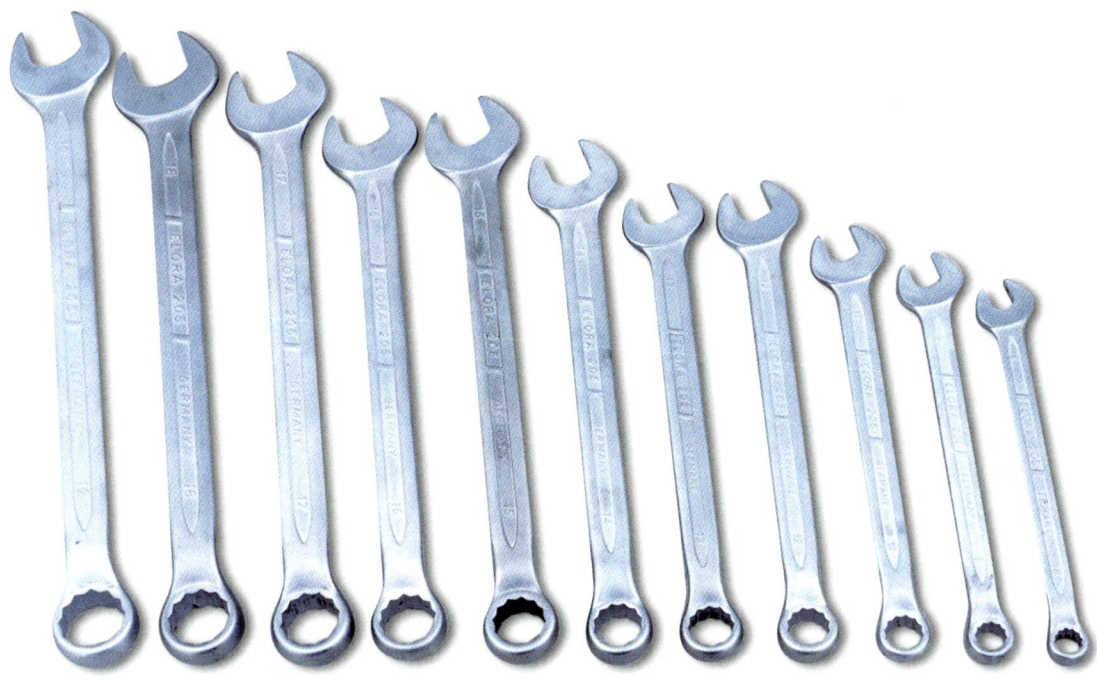

Dies ist ein ziemlich umfassender Satz von Kombischlüsseln (ein Ende Maul, das andere Ring) für die Arbeit am Motorrad. Nehmen Sie die üblichen Größen doppelt.

Bevor Sie sich also auf den Weg machen, werfen Sie einen Blick auf die sichtbaren Schrauben und Muttern. Fällt etwas auf, ist das ein Zeichen dafür, dass etwas locker ist? Das passiert mitunter, sogar bei brandneuen Maschinen. Falls der Motor immer länger für den Startvorgang braucht, ist das ein Zeichen dafür, dass etwas schief zu laufen beginnt, und sei es nur, dass die Batterie schwächer wird. Sogar mit nur geringem mechanischem Wissen können Sie Geld sparen und haben die Gewissheit, dass Sie etwas getan haben.

In den folgenden Kapiteln werden Sie Erläuterungen und Vorschläge finden, was Sie prüfen sollten. Indem wir das Motorrad in seinen Teilen betrachten, wird uns die Wartung weniger entmutigend erscheinen. Und wenn Sie mit der Arbeit mit Motorrädern vertrauter sind, sollten Sie in der Lage sein, mit Leichtigkeit kompliziertere Aufgaben zu lösen. Werkzeuge sind die ersten Dinge, die Sie brauchen, und Sie sollten sicherstellen, dass Sie die richtigen haben.

Werkzeuge sind ein wichtiger Beitrag zur Wartung Ihres Motorrades. Werkzeuge guter Qualität vom richtigen Typ werden Ihnen dabei behilflich sein, Ihre Aufgaben ordentlich zu verrichten. Sie brauchen keine Rollbretter und Kästen, die bis zum Schuppendach reichen, aber einige Qualitätskriterien tragen wesentlich zum Gelingen bei.

Schraubenschlüssel

Zu allererst kommen Schraubenschlüssel. Ein Satz, der von 7 bis 19 mm reicht, ist gut genug, um mit der Mehrheit der Befestigungselemente bei den meisten Motorrädern fertig werden zu können. Da 10, 12 und 13 mm beliebte Größen sind und man manchmal zwei davon braucht, um ein Bauteil zu lösen, sollten Sie eventuell auch zwei davon besitzen. Eigner einiger älterer britischer oder amerikanischer Klassiker werden die passenden Zoll-Größen für Ihre Maschinen brauchen. Kaufen Sie Kombischlüssel – sie sind an einem Ende offen und haben am anderen Ende einen Ring. Die Prioritäten sind Qualität und Bequemlichkeit. Kaufen Sie die besten, die Sie sich leisten können, und falls Sie mit der Zeit finden, dass sich die am meisten gebrauchten Schlüssel des Satzes abnutzen, dann ersetzen Sie diese durch Schlüssel mit höherer Qualität. Ihr Geld sollten Sie besser für einen wohltätigen Zweck spenden, als es für billiges und übles Zeug auszugeben. Ein paar kleine verstellbare Schraubenschlüssel sind eine wertvolle Ergänzung für Ihren Werkzeugkasten. Sie sind aber nicht so gut wie nicht verstellbare Typen, weil sie häufig auf den Schraubenköpfen rutschen und dadurch die Ecken abrunden.

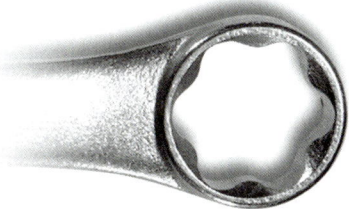

Dieser Ringschlüssel packt an den Flachseiten von Schrauben- und Mutternköpfen an und verringert durch den besseren Kontakt die Gefahr, dass die Ecken abgerundet werden.

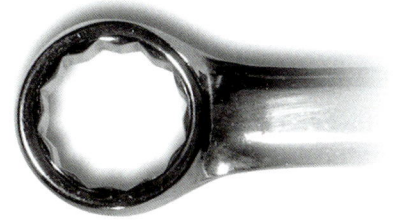

Dieser Schlüssel bietet zwar mehr Möglichkeiten zum Ansetzen, packt aber an den Ecken an, so dass Muttern und Schrauben härter rangenommen werden.

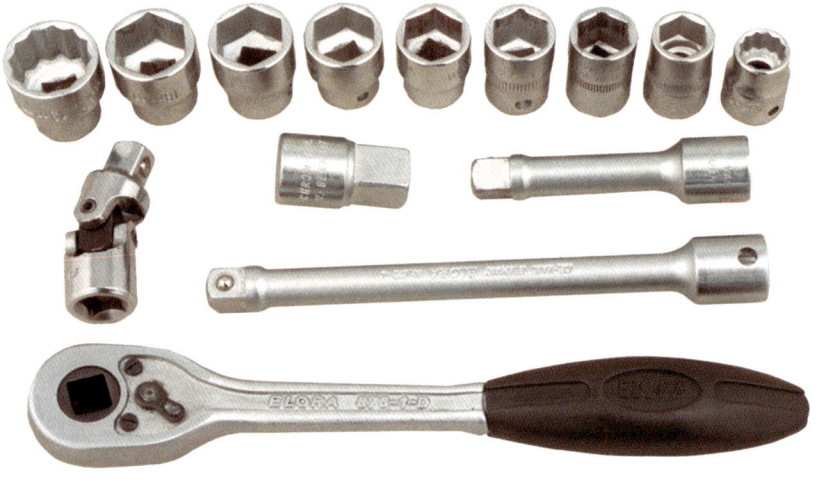

Steckschlüssel-Sätze

Ein Steckschlüsselsatz ist lebenswichtig. Genau wie bei Schraubenschlüsseln ist billiges Zeug tabu. Ein Satz, den Sie als Zugabe an der Tankstelle bekommen, wenn Sie für mehr als zehn Euro getankt haben, wird dem Anspruch an Qualität nicht gerecht. Außerdem sind normalerweise unübliche, also nicht verwendbare Größen dabei.

Für die Arbeit am Motorrad sind die Knarrengrößen 1/4, 3/8 und 1/2 Zoll üblich, wobei die Nussgrößen in den besten Sätzen von 6 bis 24 mm reichen. Besitzer alter Klassiker werden wiederum die passenden Zoll-Größen brauchen. Die meisten Nüsse haben eine 12-Punkt-Konstruktion, damit der Steckschlüssel in mehreren Stellungen passt und Schraubenköpfe und Muttern eng anliegend packt. Inbus- und, Torx-Nüsse sind ebenfalls als Einsätze für die Knarre erhältlich.

Schraubendreher

Auch Schraubendreher sollte man in sehr guter Ausführung und Qualität kaufen, denn Schraubenköpfe sind normalerweise die ersten Opfer häuslicher Reparaturen. Kaufen Sie Schraubendreher mit guten Spitzen und bequemen Griffen. Eine Auswahl von Kreuzschlitz- und Flach-Schraubendrehern ist ausreichend für die meisten Arbeiten. Stellen Sie sicher, dass Sie den Schraubendreher verwenden, der am besten in die Schraubenschlitze passt, die Sie in Angriff nehmen. Falls Sie beabsichtigen, Motoren zu zerlegen, ist ein Schlagschrauber praktisch, der Steckschlüssel- und Schraubendreher-Einsätze aufnehmen kann.

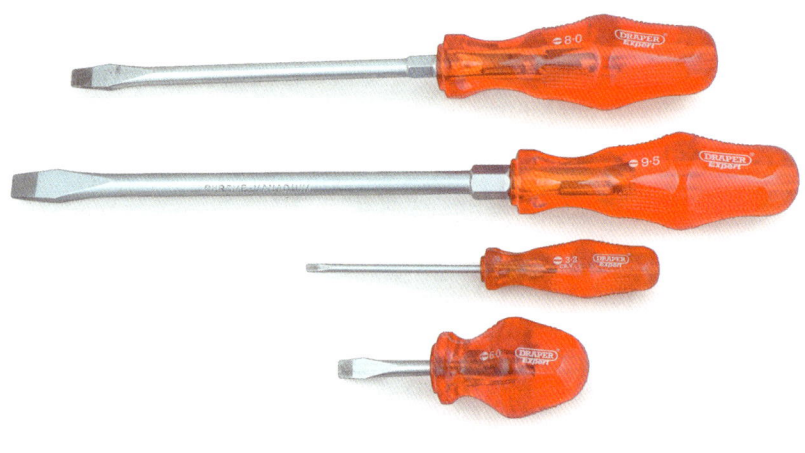

Inbusschlüssel

Die meisten modernen Motorräder verwenden Inbusschrauben. Deshalb ist ein guter Inbusschlüsselsatz vonnöten. Man sollte besser einen Satz von Schlüsseln in T-Form und einige Inbus-Steckschlüsseleinsätze anschaffen. Sie können die Steckschlüssel verwenden, um fest sitzende Schrauben zu lösen und die T-förmigen Inbusschlüssel, um die Schrauben rasch zu entfernen. Die üblichen Größen sind 4 bis 8 mm, obwohl man auch etwas nach oben und nach unten gehen kann.

Zangen

Genau wie ein Standardsatz von Zangen sind auch Spitzzangen mit langen Griffen nützlich für die Arbeit an Motorrädern. Man reicht damit durch enge Lücken tief in das Motorrad hinein. Ein Satz Grip-Zangen macht das Leben ebenfalls leichter.

Drehmomentschlüssel

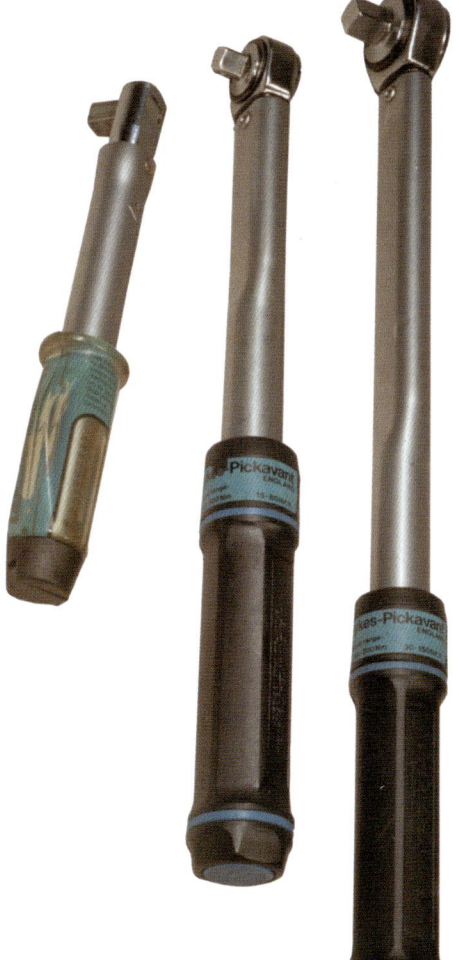

Möchten Sie wieder etwas zusammenbauen, dann brauchen Sie unbedingt einen Drehmoment-schlüssel, damit sichergestellt ist, dass Schrauben so angezogen werden, wie in Ihrem Werkstatt-Handbuch angegeben. Das verhindert, dass Gewinde überdreht und Gehäuse verformt werden oder Schlimmeres. Es gibt zwei Arten von Dreh-momentschlüsseln: Den Typ, der einen Zeiger auf einer geeichten Skala zur Anzeige des angewende-ten Drehmoments einsetzt, und den Vorwahltyp, bei dem das Drehmoment voreingestellt wird und das Werkzeug Klick macht, wenn die Schrauben richtig angezogen ist. Sie brauchen einen Drehmoment-schlüssel, der für die Arbeit am Motorrad geeignet ist (die meisten Einstellwerte für Motorräder sind niedriger als für Autos). Ein Werkzeug mit einem Bereich von 7 bis 100 Nm sollte ausreichen.

Werkzeugpflege

Pflegen Sie Ihre Werkzeuge, und Sie werden Ihnen jahrelang dienen. Ein Spritzer Öl und ein Wisch mit einem Lappen nach Gebrauch sind kluge Maßnah-men.

Reinigung

Motorräder zu reinigen, ist wichtig. Abgesehen davon, dass Ihr Motorrad länger sauber und neu aussieht, was den Wiederverkaufswert steigert, ist das ein guter Weg, Probleme zu entdecken, bevor sie größere Ausmaße annehmen.

Wenn Rennmotorräder gereinigt werden, versuchen die Mechaniker nicht nur die Sponsoren glücklich zu machen. Wenn sie die Räder reinigen, schauen sie nach Rissen oder Beulen. Genauso beim Rahmen und anderen Teilen. Die Reinigung ist das beste Mittel, Probleme zu entdecken, bevor sie ernsterer Natur werden.

Zuerst muss man die dicke Dreckschicht los werden, die normalerweise hinten in Form von alter Kettenschmiere vorhanden ist. Etwas Paraffinöl oder ein anderes Entfettungsmittel auf einem Lappen wird sich da durcharbeiten. Die Reste müssen dann weggespült werden. Nehmen Sie kein Benzin als Entfettungsmittel. Abgesehen davon, dass Benzin entzündlich ist, möchten Sie es nicht mit Ihrer Haut in Berührung kommen lassen. Es kann zudem Kunststoff- und Gummiteile angreifen. Entfettungsmittel mit Lappen aufzutragen, verringert die Gefahr, dass das Mittel dahin gerät, wo es nicht hin gehört, wie beispielsweise in die Radlager.

Frischer Bremsenstaub kann im allgemeinen leicht von den Rädern gewischt werden. Aber Staub auf den Bremszangen bedeutet normalerweise Handlungsbedarf. Man reinigt am besten mit einem kurzborstigen Malerpinsel oder einer alten Zahnbürste. Einige Radreinigungsflüssigkeiten sind ätzend. Stellen Sie sicher, dass Sie kein solches Mittel auf unbehandeltes Aluminium sprühen oder pinseln. Denken Sie auch daran, den Staub aus dem Innern der Bremszangen zu entfernen, und verwenden Sie nur Bremsenreiniger oder frische Bremsflüssigkeit. Andere Lösungen könnten die Hydraulikdichtungen angreifen.

Der Rest des Motorrads kann normalerweise mit Wasser und Reinigungsmittel gewaschen und anschließend poliert werden. Es gibt ein verwirrendes Angebot an speziellen Reinigungsprodukten auf dem Markt. Eine Generalreinigung können Sie auch mit Mitteln aus dem Haushalt durchführen Sie entfernen Kettenschmiere, eingetrocknete Fliegen, Bremsstaub und reinigen und polieren gleichzeitig – so müssen Sie die Arbeit nur einmal machen. Sprühen Sie das Mittel großzügig auf eingetrocknete Fliegen und Kettenschmiere und lassen Sie das Zeug eine Minute oder zwei Minuten einwirken. Achten Sie darauf, dass das Spray nicht eintrocknet, zum Beispiel unter sengender Sonne.

Und denken Sie daran, einen sauberen Lappen für Ihre Windschutzscheibe und den Lack zu verwenden. Ganze Wagenladungen von Windschutzscheiben mussten bereits ersetzt werden, weil die Lappen, mit denen sie behandelt wurden, die gleichen waren, mit denen ein sandiger Bereich der Verkleidung gereinigt wurde.

Falls Sie es ernst mit der Reinigung meinen oder Ihr Motorrad immer besonders schmutzig wird, könnten Sie in einen Hochdruckreiniger investieren. Seien Sie aber nicht zu ungestüm um Rad, Schwinge und Dämpfer und Hebelei herum, da dort Fett ausgewaschen werden kann, was den Verschleiß beschleunigt. Das Gleiche gilt für die Kette. Stellen Sie also sicher, dass sie geschmiert wird, wenn Sie die Kette schon waschen.

Kettenpflege

Ketten verrichten eine Menge Arbeit unter harten Bedingungen, deshalb muss man sie regelmäßig warten. Idealerweise sollten Ketten alle tausend Kilometer inspiziert werden. Sogar ein rasches Einmal-draufgucken und etwas Schmiermittel ist besser als nichts und wird das Kettenleben beträchtlich erhöhen. Die drei wichtigen Arbeitsschritte der Kettenpflege sind Reinigung, Einstellung und Schmierung.

Es ist wichtig, die Kette sauber zu halten, weil Kies und anderer Schmutz in der Schmiere kleben und als Schleifpaste wirken, dadurch wird der Verschleißprozess beschleunigt. Reinigen Sie die Kette mit Paraffinöl oder ähnlichem, um damit die Schmiere zu durchdringen, und spülen Sie die Kette danach gut ab. Lassen Sie jedoch das Paraffin nicht jahrelang auf der Kette.

Ist die Kette einmal gereinigt, muss sie gut trocknen. Falls Sie Schmiere aufsprühen, wenn sie noch feucht ist, wird die Feuchtigkeit eingeschlossen. Es ist wichtig zu wissen, welche Art von Kette Sie aufgezogen haben. Die meisten Motorräder haben O-Ring-Ketten mit Gummiringen, die das Schmiermittel innerhalb der Rollen halten. Diese Ketten sollten mit O-Ring-Ketten-Schmiermittel geschmiert werden. In diesem Fall wird die Schmiere das Äußere der Kette schützen sowie die O-Ringe geschmeidig und das Schmierfett innerhalb der Kette halten, statt die Drahtstifte zu schmieren.

Ganz egal, um welche Art von Kette es sich handelt, das Schmiermittel trägt man am besten nach einer Fahrt auf, wenn die Kette warm ist, dann dringt es besser ein. Wenn Sie Ketten schmieren, setzen Sie das Schmiermittel so ein, dass die Schmiere zwischen die Platten auf beiden Seiten der Kette trifft. Falls Sie die Schmiere auf den unteren Kettlauf auftragen, wird die Zentrifugalkraft dafür sorgen, dass das Äußere der Kette ebenfalls geschmiert wird. Wischen Sie nach einigen Minuten jeden Überschuss weg – sonst wird er nur abgeschleudert.

Bei der Einstellung von Ketten ist nicht nur die Kettenspannung wichtig. Die Radausrichtung ist ebenso entscheidend und sollte sorgfältig geprüft werden. Fast alle Kettenspanner haben Indikatoren, aber falls Sie die Zeit finden, sollten Sie doch gründlich die Radausrichtung prüfen, indem Sie ein Lineal oder ein Stück Schnur zu Hilfe nehmen.

Spannung und Verschleiß prüfen

In Ihrem Handbuch finden Sie die Werte für richtige Kettenspannung und die zulässige Kettendehnung. Drücken Sie das untere Kettentrumm bei aufrecht stehendem Motorrad herunter und messen den Durchhang mitten zwischen den beiden Kettenrädern. Drehen Sie das Hinterrad etwas und prüfen noch einmal. Wiederholen Sie dieses Verfahren bei einigen Punkten der Kette, denn sie verschleißt unregelmäßig. Stellen Sie die richtige Spannung am strammsten Punkt der Kette ein.

Falls Ihre Kette am Ende dieser Einstellmöglichkeit angelangt ist oder nahe daran, dann ist sie verschlissen. Man prüft das am besten, wenn die Kette vom Motorrad abgenommen wurde, es geht

aber auch, wenn sie noch aufliegt. Dazu entfernt man den Kettenschutz und misst eine Anzahl von Kettengliedern längs des oberen Kettenlaufs bei strammer Kette. Dann schauen Sie nach, ob die Messungen mit den Angaben in Ihrem Handbuch übereinstimmen. Drehen Sie das Hinterrad und messen verschiedene Abschnitte der Kette auf diese Weise. Jeder Knick, jedes festsitzende Kettenglied oder jeder fehlende O-Ring bedeutet, dass es Zeit für eine neue Kette ist. Prüfen Sie auch das vordere und das hintere Kettenrad auf Verschleißerscheinungen. Wenn Kette oder Kettenräder verschlissen sind, ersetzen Sie beide, da ein verschlissenes Teil den Verschleiß des anderen vorantreiben würde.

Einstellung

Angenommen die Kette und die Kettenräder sind noch in Ordnung, dann kann man sie einstellen. Lösen Sie zuerst die Radachse, nachdem Sie das Motorrad sicher aufgebockt haben und sich der strammste Punkt mitten im Unterlauf der Kette befindet. Nun lösen Sie die Kontermuttern am Kettenspanner und drehen sie diese gleichmäßig, bis die Kette so gespannt ist, wie in Ihrem Handbuch angegeben. Prüfen Sie, ob die Radausrichtungsmarken auf jeder Seite an derselben Stelle sitzen. Falls nicht, rücken Sie das Rad vorwärts oder rückwärts bis die Marken an den richtigen Stellen sitzen. Sind Sie zufrieden, dann ziehen Sie die Radachse mit dem richtigen Drehmoment an, wie in Ihrem Handbuch angegeben und vergessen auch nicht die Kontermuttern. Führen Sie eine Endkontrolle der Kettenspannung durch, bevor Sie sich auf den Weg machen.

Bringen Sie das Kettenschmiermittel so auf, dass es zwischen die Kettenglieder auf beiden Seiten der Kette kommt. Am besten richtet man das Spray auf den unteren Kettenlauf, wenn die Kette warm ist, zum Beispiel direkt nach einer Fahrt.

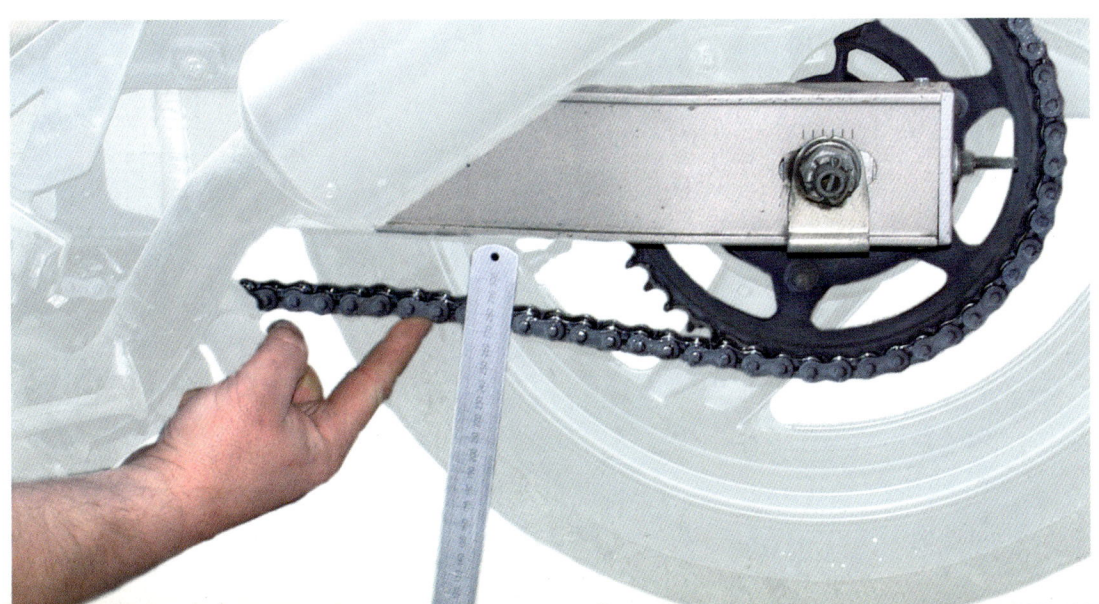

Sehen Sie nach dem strammsten Punkt der Kette, dann stellen Sie die Kette nach den Angaben in Ihrem Handbuch ein. Manche machen das nach Gefühl. Im Zweifelsfall sollten Sie doch lieber ein Lineal nehmen, wie hier gezeigt.

Bremsen

Die wichtigste Eigenschaft jeder Maschine ist ihre Fähigkeit, zum Stillstand zu kommen. Deshalb ist es lebenswichtig, die Bremsen in einem guten Zustand zu halten, so dass Ihr Motorrad stoppt, wenn Sie es dazu auffordern. Alle Motorräder, ganz egal, wozu sie verwendet werden, verwenden Scheiben- oder Trommelbremsen.

Vorratsbehälter für Hauptbremszylinder: Prüfen Sie den Bremsflüssigkeitsstand regelmäßig und oft. Falls er abfällt, schauen Sie sofort nach Undichtigkeiten im System. Trübe Flüssigkeit ist verunreinigt, und das System sollte entlüftet werden, um sie austauschen zu können.

Bremsschläuche: Die meisten Motorräder haben Leitungen aus Gummi-Material, die dehnen sich mit der Zeit aus und werden porös. Stahlflex-Leitungen sind besser.

Scheibenbremsen: Müssen dicker als das Minimum sein. Sie dürfen nicht verzogen sein, sonst würden die Bremsen vibrieren.

Bremszangen: Neigen dazu, Straßenschmutz anzuziehen, was die Wirksamkeit behindert. Halten Sie die Bremszangen durch einen Bremsenreiniger sauber. Prüfen Sie regelmäßig den Verschleiß der Bremsbeläge.

Inspektion

Die Dicke der Bremsbeläge ist das Wichtigste, was man bei Scheiben- oder Trommelbremsen prüfen muss. Das Material wird mit jedem Bremsen dünner und verschleißt oft schneller, als man denkt. Beläge kann man prüfen, indem man durch die Bremszangen schaut, denn viele Beläge haben Verschleißindikatoren, die sichtbar sind, ohne dass die Bremszangen entfernt werden müssen. Beachten Sie aber bei Doppelscheiben-Systemen, dass die Beläge ungleichmäßig verschleißen. Prüfen Sie alle Beläge und lassen Sie niemals zu, dass die Beläge so weit abgetragen werden, dass die Trägerplatte die Scheiben beschädigen kann. Trommelbremsen kann man schlechter inspizieren, es kann erforderlich sein, das Rad abzunehmen, obwohl auch die meisten Trommelbremsen mit Verschleißindikatoren ausgestattet sind, was das Leben leichter macht.

Scheibenbremsbeläge ersetzen

Bremsbeläge zu ersetzen bedeutet, dass die Bremszangen entfernt und die Kolben mit einem Stück Holz zurückgedrückt werden müssen, damit die neuen Beläge Platz haben. Bevor Sie die neuen Beläge einsetzen, stellen Sie sicher, dass die Kolben möglichst gut gereinigt werden. Wenn Sie die Kolben einfach zurückdrücken, dann können Schmutz und Bremsstaub in die Bremszange gelangen, was dazu führen kann, dass die Kolben nicht sauber zurückziehen, wenn Sie den Bremshebel loslassen. Ein Spritzer Bremsenreiniger und ein Wisch mit einem Lappen sind in der Regel ausreichend.

Achten Sie darauf, dass der Flüssigkeitspegel ansteigen kann, wenn die Kolben zurückgehen. Achten Sie auch darauf, dass keine Bremsflüssigkeit auf Lack oder Kunststoff gerät – sie kann diese Materialien angreifen.

Falls notwendig, ergänzen Sie Bremsflüssigkeit vom richtigen Typ, wenn Sie die Bremszangen nach der Befestigung aufpumpen.

Weitere Bremsenwartung

Abgesehen vom Verschleiß der Beläge gibt es nur wenig, dem man Aufmerksamkeit schenken muss. Hydraulische Scheibenbremssysteme sind selbststellend, und das Einzige, worauf Sie achten müssen, ist der Stand der Bremsflüssigkeit im Behälter. Die Flüssigkeit sollte anlässlich der in Ihrem Handbuch vorgeschlagenen Service-Intervalle erneuert werden.

Wenn die Beläge verschleißen, wird mehr Flüssigkeit vom System aufgenommen, damit das Spiel ausgeglichen wird. Falls der Pegel unter das Minimum sinkt, besteht wieder die Gefahr, dass Luft in das System hineingezogen wird, was seine Wirksamkeit dramatisch verschlechtert, und die Bremszüge fühlen sich schwammig an. Schauen Sie regelmäßig auf die Flüssigkeitspegelindikatoren auf den Hauptbremszylinderbehältern und lassen Sie den Pegel niemals unter die Minimalmarke fallen. Falls Luft ins System gerät, müssen die Bremsen entlüftet werden.

Wenn Trommelbremsen verschleißen, müssen die Züge nachgestellt werden. Schauen Sie im Handbuch des Motorrads nach Einzelheiten zu Ihrem System. Scheiben- und Trommeloberflächen brauchen ebenfalls eine Prüfung. Scheiben sollten auf Risse inspiziert werden, genauso wie Trommeln.

Bei Scheibenbremssystemen bauen Bremsflüssigkeit, Hydraulikdichtungen und -schläuche mit der Zeit ab und müssen in Übereinstimmung mit dem Serviceplan für Ihr Motorrad erneuert werden. Inspizieren Sie Schläuche und Verbindungen regelmäßig auf Zeichen von Undichtigkeiten und Korrosion an den Anschlüssen. Bremsflüssigkeit absorbiert mit der Zeit Feuchtigkeit aus der Atmosphäre, was die Bremswirkung verschlechtert und ein schwammiges Gefühl bei der Betätigung des Bremshebels oder Bremspedals gibt. Arbeiten Sie nicht an einem Motorradbremssystem, solange Sie nicht damit vertraut sind und wissen, was Sie tun. Ihr Handbuch zeigt Ihnen die richtigen Vorgehensweisen. Aus Sicherheitsgründen sollten Sie diese Verfahren buchstabengetreu anwenden.

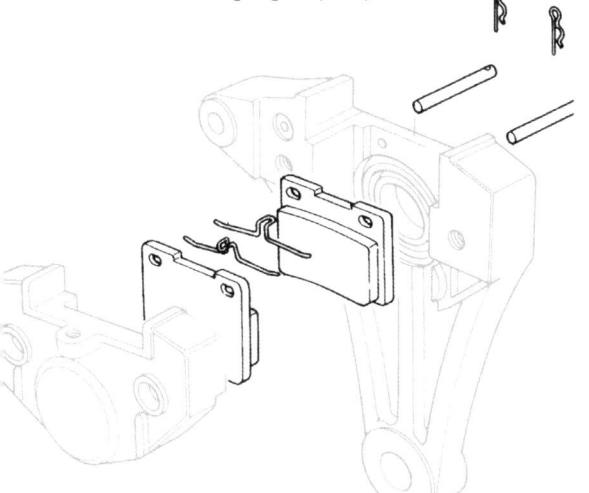

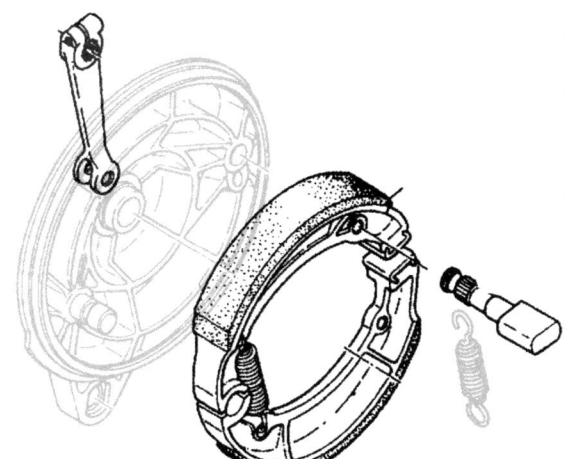

Der Grundaufbau einer Bremszange für die Scheibe (links) und der Aufbau einer Trommelbremse. Machen Sie sich nicht allzu viele Gedanken darüber, welche Art von Bremse Ihr Motorrad verwendet. Sie sind im allgemeinen ähnlich aufgebaut.

Züge und Wellen

Züge und Wellen erfüllen viele nützliche Funktionen. Abgesehen davon, dass sie mittlerweile durch hydraulische (Scheibenbremsen und einige Kupplungen) und elektrische Systeme (einige Kilometerzähler, Drehzahlmesser und sogar Drosselklappen) verdrängt wurden, bedienen sie eine Fülle von Komponenten, wie sie das seit Beginn des Motorradfahrens getan haben.

So einfach Züge und Wellen auch sind, so brauchen sie doch Pflege und Aufmerksamkeit für optimale Leistung. Durchscheuern ist der größte Feind der Züge, da sie sich beim Lenken biegen können und so die Außenhülle verschleißen. Ist das einmal geschehen, dann kann die Korrosion hineinkriechen.

Prüfen Sie auf Durchscheuern, indem Sie die Außenhüllen auf kritische Stellen untersuchen. Die Züge fransen manchmal aus und zerreißen in der Nähe des Nippels an ihrem Ende. Das wird dadurch verursacht, dass sich der Nippel nicht im Hebel oder Gasgriff drehen kann. Bevor Sie den Zug ersetzen, reinigen Sie das Loch im Hebel oder im Griff und schmieren Sie den Nippel mit Fett ein.

Verlegung

Wenn Sie Züge verlegen, gilt: Je kräftiger, desto besser. Scharfe Knicke sind gar nicht gut, erhöhen die interne Verschleißrate und lassen den Zug möglicherweise klemmen. Bevor man einen Zug ersetzt, sollte man aufzeichnen, wie das Originalteil verlegt war. Falls Sie neue Gaszüge anbringen, bewegen Sie den Lenker von Anschlag zu Anschlag bei laufendem Motor, um sicherzustellen, dass die Drosselklappe funktioniert. Bowdenzüge sollten nicht neben Komponenten verlegt werden, die eine beträchtliche Wärmemenge aufbauen, wie beispielsweise Auspuffrohre, weil sonst die Hüllen schmelzen werden und die innere Schmierung verloren geht.

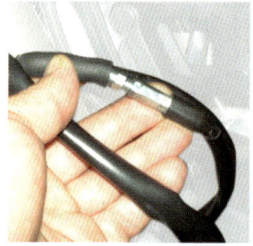

Das Spiel bei den Gaszügen dieser R1 wird am Gasgriff selbst gemessen. Zuviel Spiel ist genauso schlecht wie zu wenig.

Einstellungen werden an diesen Schrauben, die im Zug selbst sitzen, vorgenommen.

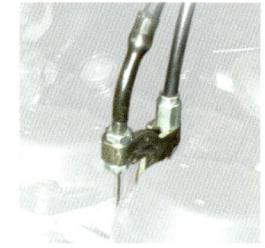

An der Vergaser-Batterie sitzen ebenfalls noch Einsteller, die für die Grob-Justierung des Gaszugspiels genutzt werden.

Einstellung

Züge müssen richtig eingestellt werden, damit sie die Steuerelemente richtig bedienen können. Es muss ausreichendes Spiel zwischen dem Innen- und Außenzug vorhanden sein, damit nichts passieren kann, wenn man den Lenker dreht oder sich die Aufhängung bewegt. Schauen Sie in Ihr Handbuch. Dort sind die richtigen Einstellungen zu finden. Die meisten Züge werden mit einfachen Zylinder- und Gegenmutter-Anordnungen eingestellt. Einige Gaszüge haben Feineinsteller neben dem Drehgriff und Grobeinsteller am Gehäuse des Vergasers oder der Drosselklappe.

Schmierung

Wenn Züge älter werden, laufen sie schwerer. Das kann vom Ausfasern des Innendrahts oder durch Schmutz im Bowdenzug verursacht werden. Falls ein Kabel ausgefasert ist, sollte es sofort ersetzt werden. Falls es einfach schmutzig ist, kann die Schmierung des Zugers einiges vom Schmutz entfernen und ihn wieder leichter laufen machen.

Man kann Züge schmieren, indem man einen Behälter an einem Ende anbringt und die Schwerkraft das Schmiermittel durch den Zug ziehen lässt. Anwendung von Kraft ist ein rascheres Verfahren. Für weniger als 15 Euro kann man einen Adapter kaufen, der sich dicht um ein Ende eines Zuges schließt. Dann wird eine Spraydose mit Schmiermittel damit verbunden und gesprüht. Der Druck vertreibt Schmutz und stellt sicher, dass der Zug vollständig geschmiert ist.

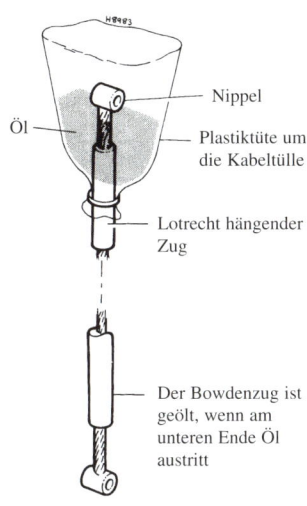

Nippel

Öl

Plastiktüte um die Kabeltülle

Lotrecht hängender Zug

Der Bowdenzug ist geölt, wenn am unteren Ende Öl austritt

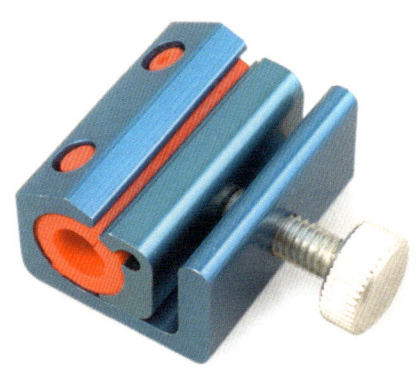

Ein einfaches Schmiersystem für Bowdenzüge (oben). So ein Adapter (Bilder links) ist natürlich eleganter.

Ohne Öl werden Motoren sich selber erheblichen Schaden zufügen und nicht lange laufen. Öl verhindert Schaden durch die Trennung von Oberflächen mittels eines dünnen Films, der es erlaubt, dass die Oberflächen sich mit minimalem Verschleiß oder minimaler Reibung gegeneinander bewegen können.

Öl und **Filter** wechseln

Ölwechsel ist leichter bei einem warmen Motor, weil das Öl dünner ist. Entfernen Sie zuerst den Filter, damit das alte Schmiermittel leichter abfließen kann.

Wenn Sie die Ölablassschraube entfernen, achten Sie darauf, dass plötzlich heißes Öl herausschießt. Stellen Sie sicher, dass das Auffanggefäß, das Sie unter die Ölwanne stellen, groß genug ist.

Wenn Sie einen Filter montieren, dann schmieren Sie etwas sauberes Öl gleichmäßig rund herum auf die Gummidichtung, und stellen Sie sicher, dass kein Schmutz auf die Dichtungsoberfläche getropft ist.

Füllen Sie den Motor bei aufrecht stehendem Motorrad bis zum richtigen Pegel auf -- Sie würden sonst einen falschen Ölstand ablesen, wenn das Motorrad auf seinem Seitenständer steht.

Um Motoröl aufzufüllen, wischen Sie das Inspektionsfenster sauber, das sich rechts am Motor befindet. Bei aufrecht stehendem Motorrad sollte der Ölstand zwischen den Minimum- und Maximummarken des Fensters liegen. Falls der Pegel unterhalb der Minimumlinie ist, entfernen Sie den Deckel oben auf dem Kupplungsdeckel. Füllen Sie den Motor mit dem empfohlenen Öl (Viskosität und Typ) bis zum Maximumpegel auf. Setzen Sie den Deckel wieder auf.

Ein großer Teil der Aufgabe des Öls ist die Reinigungsarbeit im Motor. Über einen großen Zeitraum wird das Motoröl mit Abfallprodukten des Verbrennungsprozesses verunreinigt, das sind unverbranntes Benzin, Feuchtigkeit von der Kondensation und sogar Kühlmittel. All das verschlechtert die Leistung. Diese Probleme kommen noch zum Abbau des Schmiermittels dazu. Schwerkräfte brechen die Molekularstruktur des Öls auf, während es hart daran arbeitet, dass die Schlüsselkomponenten des Motors sich nicht in Stücke zermahlen.

Den Wechsel durchführen

Ölwechsel bei einem Motorrad bedeutet, Öl und Filter zu ersetzen. Es ist sinnvoll, beide zu ersetzen, oder den Filter mindestens jedes zweite Mal zu wechseln. Verstopfte Filter können ebensoviel Schaden anrichten wie Ölmangel, da sie den richtigen Schmiermittelfluss behindern.

Die meisten Motorräder über 125 Kubik haben Filter. Die Stellen, an denen sie untergebracht sind, sind von Motorrad zu Motorrad verschieden, aber sie sitzen in der Regel unten vorne und seitlich am Motor, wenn es sich um externe Filter handelt, und unter dem Motor, wenn es sich um interne Filter handelt. Fast alle externen Filter sind angeschraubt. Es gibt einige Riemen- und Steckschlüssel-Werkzeuge, mit denen man sie entfernen kann, und obwohl es funktioniert, sollte man vermeiden, ihn mit dem Schraubendreher rauszuhebeln – wie jeder, der bereits heißes Öl ins Auge bekommen hat, bezeugen kann. Ersetzen Sie Filter durch Original-Ersatzteile.

Wenn Sie das gebrauchte Öl beseitigen, ist es Ihre moralische – und tatsächlich auch gesetzliche – Pflicht, es korrekt zu entsorgen. Der Gully an der Hintertür ist nicht der richtige Mülleimer. Das verbrauchte Öl kann in die Dosen, in der das frische Öl war, geschüttet und anschließend in die örtliche, offizielle Altöl-Sammelstelle gebracht werden, dort weiß man, wie Altöl entsorgt wird.

Die meisten modernen Ölablassschrauben haben ein magnetisches Ende, das kleine Späne auffängt, die durch interne Motorreibung entstanden sind. Diese Schrauben sollten sauber gewischt werden, bevor sie wieder befestigt werden. Es ist ratsam, auch die Dichtungsscheibe durch eine neue zu ersetzen. Diese Dichtungsscheiben sind häufig aus Kupfer oder einem anderen weichen Metall, wie beispielsweise Aluminium, manchmal haben sie einen Gummieinsatz. Man ist leicht versucht, die Scheibe umzudrehen, in der Annahme, dass sie dann genauso gut funktionieren wird wie eine neue. Dieser Trick klappt kaum öfter als einmal, und was als schmutziger Trick begann, kann rasch in eine schmutzige und gefährliche Überschwemmung umschlagen.

Wenn man das Motorrad zum ersten Mal nach einem Ölwechsel anlässt, darf man es nicht hoch drehen. Es braucht eine Weile, bis der Filter gefüllt ist und sich der Druck im System aufgebaut hat. Bis dahin muss man dem alten Ölfilm auf den Komponenten vertrauen, lassen Sie sich also Zeit. Falls die Öldruckkontrollleuchte nicht nach einigen Sekunden ausgeht, stellen Sie den Motor sofort ab. Das Problem kann aus einer Vielzahl von Gründen nach dem Wiederzusammensetzen eines Motors auftreten. Nach einem Ölwechsel ist es allerdings wahrscheinlicher, dass zuwenig Öl eingefüllt wurde oder eine größere Undichtigkeit des Filters oder der Ablassschraube vorliegt – Sie haben doch nicht etwa vergessen, die Schraube anzuziehen, oder? Wir fragen nur, weil man das leicht vergisst – und dann nicht die größer werdende Pfütze frischen Öls auf dem Garagenboden bemerkt. Führen Sie eine Wartung niemals in Eile durch. Lassen Sie das Motorrad einige Minuten im Leerlauf laufen und prüfen dann noch mal den Ölstand.

Ölabflusskanister oder -schalen aus dem Zubehörhandel sind groß genug, um den Inhalt jeder beliebigen Motorradölwanne aufnehmen zu können.

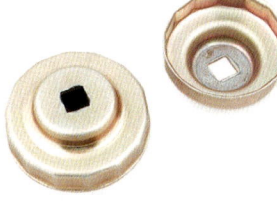

Ein Adapter für Knarrenwerkzeuge für die leichte Entfernung von externen aufgeschraubten Ölfiltern.

Kühl-System

Motoren sind nicht sehr wirkungsvoll. Das meiste an Energie, die während der Verbrennung frei wird, wird in Wärme umgesetzt und entschwindet im Motor oder durch das Auspuffrohr. All diese Wärme, die im Motor aufgebaut wird, muss irgendwo hingehen, oder das Motorrad überhitzt und der Motor wird beschädigt. An dieser Stelle tritt die Kühlung auf den Plan.

Motoren werden entweder mit Luft oder mit einer Flüssigkeit gekühlt. Heutzutage ist die Flüssigkeitskühlung am beliebtesten, aber sie ist auch komplizierter. Luftgekühlte Motoren sind sehr unkompliziert. Wenn das Motorrad in Bewegung ist, nimmt die Luftströmung über den Motor die Wärme mit. Zylinder und Köpfe haben tiefe Kühlrippen, die die Wärmeabstrahlung begünstigen. Probleme treten nur bei sehr hohen Temperaturen auf oder falls die Maschine ruht oder sich langsam über lange Zeiträume hinweg bewegt. Einige luftgekühlte Motorräder haben Ölkühler. Sie verhelfen dem Schmiermittel dazu, eine wirksamere Rolle beim Abtransport der Wärme vom Motor zu spielen. Die alten Suzuki-GSX-Motoren, wie sie immer noch in der Bandit eingesetzt werden, sind gute Beispiele dafür.

In einem flüssigkeitsgekühlten Motor wird das Kühlmittel durch ein Netzwerk von Bohrungen im Motorgehäuse gepumpt. Die Wärme überträgt sich auf das Kühlmittel, das dann durch den Kühler fließt, in dem es abgekühlt wird. Falls das Kühlmittel aus irgendeinem Grund nicht fließt, überhitzt der Motor.

Der Thermostat lässt den Motor auf Temperatur kommen, bevor er öffnet und das Kühlmittel zum Kühler fließen kann.

Thermostate

Ein Thermostat misst im System, wann das Kühlmittel auf Betriebstemperatur ist und lässt es dann zum Kühler und zum Rest des Systems fließen. Wäre der Thermostat nicht vorhanden, dann würde das Motorrad lange Zeit zum Aufwärmen brauchen. Falls der Thermostat nicht öffnet, wird der Motor überhitzt. Wenn Sie annehmen, dass der Thermostat fehlerhaft funktioniert, muss er geprüft werden. Falls er schon bei Raumtemperatur öffnet, ist der Thermostat defekt und muss ersetzt werden. Die Prüfung auf die richtige Funktion beim Öffnen wird folgendermaßen durchgeführt: Erhitzen Sie den Thermostaten in einer Schüssel mit Wasser und verwenden Sie ein Thermometer, um zu messen, bei welcher Temperatur er öffnet. Vergleichen Sie den Wert mit den Angaben in Ihrem Handbuch. Prüfen Sie ebenfalls die Zeitspanne, die der Thermostat geöffnet bleibt.

Temperaturfühler

Temperaturfühler sind in den Motorblock oder Zylinderkopf eingebaut, und sie sind elektrische Bauelemente, deren Widerstand sinkt, wenn die Kühltemperatur ansteigt. Ein Sensor setzt den elektrischen Ventilator oder die Ventilatoren hinter dem Kühler in Gang, während ein anderer mit der Temperaturanzeige auf Ihrem Instrumentenbrett verbunden ist.

Falls der Ventilator immer eingeschaltet bleibt, überhaupt nicht anläuft oder sich bei der falschen Temperatur einschaltet, ist vermutlich der Ventilatorsensor defekt. Prüfen Sie zunächst die Sicherung, wenn der Ventilator gar nicht funktioniert. Verdächtigen Sie den Sensor ebenso, wenn die Temperaturanzeige nicht funktioniert oder falsche Werte angibt.

Kühlmittel

Das üblichste Problem bei Flüssigkeits-gekühlten Motoren ist fehlende Kühlflüssigkeit. Prüfen Sie, ob sich das Kühlmittel zwischen dem höchsten und dem niedrigsten Stand im Ausgleichsbehälter befindet. Überfüllen Sie das System nicht, da es Luft haben muss, wenn sich die Flüssigkeit ausdehnt. Füllen Sie nur mit dem richtigen Kühlmittel für Ihr Motorrad auf.

Undichtigkeiten verringern den Wirkungsgrad eines Systems, weil Kühlmittel auslaufen kann und das System nicht richtig unter Druck steht und der Siedepunkt des Kühlmittels reduziert wird. Prüfen Sie Schläuche und Verbindungen auf Undichtigkeiten und inspizieren Sie den Kühler. Manchmal treten Undichtigkeiten auch im Innern des Motors auf, und die sind ernsthafter Natur. Indizien dafür sind Kühlmittel im Öl oder Öl im Kühlmittel.

Falls die Kühlerrippen mit Straßenschmutz verstopft sind, kann keine Luft hindurchströmen, der Motor wird heißlaufen. Reinigen Sie den Kühler mit Wasser aus dem Schlauch, das der Luftströmung entgegenfließt oder vorsichtig mit Druckluft.

Kühlsysteme werden manchmal von Rostteilchen blockiert, die in den Kühler getragen wurde. Obwohl man Wasser in Kühlsystemen verwenden kann, ist es wesentlich besser, spezielles Kühlmittel oder Frostschutzmittel zu verwenden, da beide Korrosionsschutzmittel enthalten. Frostschutzmittel schützen das System bei kaltem Wetter. Reines Wasser oder Kühlmittel ohne Frostschutz können sich in Eis verwandeln, was wiederum zu Rissen im System führen kann. Wenn Sie ein System auffüllen, das bereits Frostschutzmittel enthält, dann nehmen Sie nicht nur Wasser dazu, da dies das Frostschutzmittel verdünnen und seine Wirksamkeit vermindern wird. Für maximalen Schutz sollten Kühlmittel alle zwei Jahre ersetzt werden.

Kühlmittel tauschen

Das wird normalerweise in zwei Schritten bei kaltem Motor durchgeführt. Entfernen Sie den Druckverschluss auf dem Kühler, damit das System trockengelegt werden kann. Der Verschluss darf niemals bei heißem Motor entfernt werden, da sonst kochend heißes Kühlmittel und Dampf entweichen und zu Verletzungen führen könnten. Wenn Sie sicher sind, dass der Motor abgekühlt ist, dann entfernen Sie den Verschluss vorsichtig und langsam mit einem Lappen darüber.

Nehmen Sie den Schlauch vom Kühler ab und verwenden Sie ihn dazu, das Ausgleichsgefäß in einen Behälter zu entleeren, der groß genug ist, das Kühlmittel Ihres Systems vollständig aufnehmen zu können. Falls noch altes Kühlmittel im Ausdehnungsgefäß zurückgeblieben ist, entfernen Sie das Gefäß und kippen die Flüssigkeit aus. Als nächstes lösen und entfernen Sie den untersten Kühlschlauch, den Sie am Motor erkennen können. Dann sollten der Kühler und der Motor trocken fallen. Es gibt häufig noch weitere Ablassschrauben am Zylinderblock und am Deckel der Wasserpumpe. Entfernen Sie auch diese, damit alles Kühlmittel auslaufen kann.

Füllen Sie das System wieder auf und seien Sie sorgfältig bei der Prüfung auf Luft, indem Sie die Gummischläuche zusammenquetschen. Entlüften Sie die Pumpe, falls erforderlich. Schauen Sie in Ihr Handbuch, dort finden Sie die Beschreibung der vollständigen Prozedur für Ihr Motorrad. Denken Sie daran, auch das Ausdehnungsgefäß bis zum richtigen Pegel aufzufüllen.

Der Vorratsbehälter ist in der Regel am rechten unteren Ende des Kühlers befestigt. Prüfen Sie, ob sich der Kühlmittelstand zwischen den mit VOLL und LEER gekennzeichneten Pegelmarken befindet.

Falls der Kühlmittelstand niedrig ist, entfernen Sie alle Karosserieteile, die den Zugang zum Fülldeckel blockieren. Entfernen Sie den Deckel und füllen Sie das Kühlmittel mit der empfohlenen Kühlmittelmischung auf. Schließen Sie den Deckel sorgfältig. Dann befestigen Sie die entfernten Karosserieteile wieder.

Lager

Verglichen mit dem Motor, ist das Motorrad-Fahrwerk relativ frei von Lagern. Aber Fahrwerkslager erfordern mehr Pflege als jedes Lager im Motor, wo sie ein warmes Schmiermittel ständig versorgt. Es gibt vier Sätze von Fahrwerkslagern, die man prüfen muss – Rad-, Schwingen-, Hinterradhebelei-, Lenkkopflager.

Die Rad- und Lenkkopflager sind vielleicht die wichtigsten. Sie sind sicher die Lager, die die Handling-Eigenschaften am ehesten negativ beeinflussen können. Sie zu prüfen, ist jedoch eine ziemlich einfache Aufgabe, insbesondere mit einem Freund, der dabei hilft.

Radlager

Um die vorderen Radlager zu prüfen, müssen Sie feststellen, ob es irgendein Seitenspiel gibt. Das Rad sollte sich vorwärts und rückwärts frei drehen können. Um die Lager zu prüfen, stellen Sie die Lenkung in die Geradeausposition. Wenn Sie keinen Vorderradständer haben, bitten Sie einen Freund, das Motorrad so weit über den Seitenständer zu neigen, bis das Vorderrad vom Boden abhebt. Das ist noch leichter, wenn Ihr Motorrad mit einem Hauptständer ausgestattet ist – dann muss sich Ihr Helfer nur auf das Heck des Motorrads stützen.

Greifen Sie das Rad von einer Seite und versuchen Sie, das obere Ende auf sich zu zu ziehen, während Sie das untere Ende wegdrücken. Jedes Klicken oder Klacken stammt voraussichtlich von den Lagern, und das Rad sollte ausgebaut werden, um sie ersetzen zu können. Das Verfahren ist für das Hinterrad dasselbe, und wieder ist es leichter, wenn das Rad mittels eines entsprechenden Hinterradständers vom Boden frei läuft.

Radlager sind im allgemeinen Kugellager, von denen je eines in jede Seite der Nabe gepresst ist. Kettengetriebene Motorräder haben häufig ein drittes Lager in der Kettenrad-Träger-Baugruppe des Hinterrads. Mit den kardanangetriebenen Motorrädern ist es ähnlich. Diese Motorräder haben oft ein zusätzliches Lager oder zusätzliche Lager im Kegelrad-Mechanismus des Kardanantriebs.

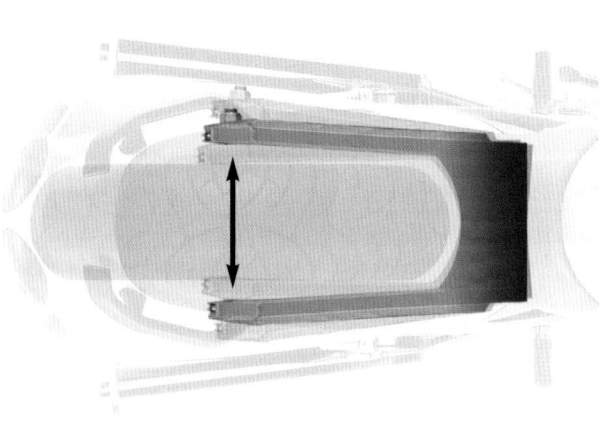

Schwingenlager: Die Hinterradschwinge darf sich in seitlicher Richtung nicht bewegen lassen.

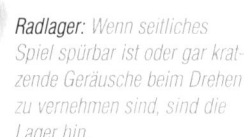

Radlager: Wenn seitliches Spiel spürbar ist oder gar kratzende Geräusche beim Drehen zu vernehmen sind, sind die Lager hin.

Schwingen- und Hebeleilager

Bei Motorrädern mit Schmierpunkten für diese Lager, kann das Lagerleben dadurch erheblich verlängert werden, dass die Lager gemäß den Angaben für das Wartungsintervall in Ihrem Handbuch geschmiert werden.

Das Verfahren zur Prüfung der Schwingenlager ist ähnlich dem für Radlager, sie werden sie allerdings nicht auf einem Vorder- oder Hinterradständer prüfen können, da die Schwinge zur Seite bewegt werden muss. Nehmen Sie stattdessen den Kumpel und den Seitenständertrick zu Hilfe. Falls die Lager sich verdächtig anfühlen, dann können Sie denselben Test durchführen, wenn die Aufhängung von der Schwinge getrennt wird. Wenn man das jedoch tut, muss das Motorrad auf einem Hauptständer oder einem Ständer unter dem Motor aufgebockt oder an einem Hebebaum in der Werkstatt aufgehängt sein. Auf diese Weise ist es viel leichter, das Spiel des Schwingendrehlagers zu fühlen. Schwingenlager sind entweder Buchsen oder vom Nadel-, Kegel- oder Kugel-Typ. Schauen Sie in Ihrem Handbuch nach, wie man die Lager genau ersetzt.

Die Hebelei bei Monoshock-Motorrädern trägt Buchsen oder Nadelrollen- oder Kugellager. Zur Prüfung des Spiels dieser Lager muss das Hinterrad frei über dem Boden laufen können und die Schwinge darf nicht belastet werden. Greifen Sie das obere Ende des Hinterrads und ziehen Sie es nach unten. Es sollte kein Klacken oder Spiel vorhanden sein. Noch einmal, schauen Sie in Ihr Handbuch, wie man die Lager genau ersetzt.

Lenkkopflager

Die Lenkkopflager müssen auf zweifache Weise geprüft werden. Bewegen Sie den Lenker von links nach rechts, ohne Gewicht auf dem Vorderrad. Stellen Sie bei Modellen mit Lenkungsdämpfern sicher, dass der Dämpfer auf die Stellung mit dem geringsten Widerstand zurückgesetzt ist. Der Lenker sollte sich glatt und leicht bewegen lassen. Jedes Festhängen oder verdächtige Verhalten sind Zeichen eines Lagerschadens, und die Lager sollten ersetzt werden.

Weil auf sie ständig eingehämmert wird, arbeiten sich diese Lager oft locker. Bei immer noch unbelastetem Vorderrad sollte jemand ziemlich hart auf die unteren Enden der Gabelbeine drücken und an ihnen ziehen. Dabei prüfen Sie auf kleine Bewegungen, indem Sie Ihre Finger zwischen die Rückseite des oberen Gelenks und die Vorderseite des Tanks legen. Falls Sie eine Bewegung spüren, sind die Lager locker und müssen eingestellt werden. Das Verfahren dazu finden Sie in Ihrem Handbuch.

Lenkkopflager profitieren von regelmäßiger Schmierung und davon, dass sie richtig eingestellt sind. Heutzutage sind Kegelrollen- und Kugellager die Haupttypen, obwohl einige, hauptsächlich kleinere Motorräder immer noch Kugellager ohne Käfig verwenden.

Den Lagertyp kann man an diesen Markierungen erkennen. Sie sind im Lagergeschäft manchmal billiger.

Lager in der Hinterrad-Führung: Diese müssen gecheckt werden, wenn das Hinterrad frei in der Luft schwebt.

Lenkkopflager: Beim Check dieser Lager wird versucht, die Gabel nach vorn und hinten zu bewegen. Es darf kein Spiel spürbar sein.

Elektrische Anlage

Elektrische Systeme sind die üblichen Verdächtigen, wenn es Probleme mit Motorrädern gibt, deshalb zahlt es sich aus, wenn man sie an die Spitze der Problemfälle setzt. Moderne Motorräder werden komplizierter aber auch robuster, so dass die Motorräder, die wir fahren, gleichzeitig zuverlässiger werden. Ein bisschen Pflege wird sie auf dem Stand halten.

Batterie: Lebt nicht ewig, aber halten Sie die Batterie zwischen den Linien mit destilliertem Wasser aufgefüllt, so dass die Platten in jeder Zelle in nicht geschlossenen Typen bedeckt sind. Achten Sie auf die Bildung von Rückständen am Boden.

Batterie

Der offensichtliche Ausgangspunkt der Elektrik ist die Batterie. Wenn Sie keine moderne geschlossene Batterie haben, dann müssen Sie prüfen, ob sie innerhalb der richtigen Pegel gefüllt ist, wie auf dem Gehäuse markiert. Falls der Flüssigkeitsstand zu niedrig ist, füllen Sie ihn mit destilliertem Wasser auf. Achten Sie aber darauf, dass dabei keine Säure aus der Batterie auf Sie oder Ihre Kleidung gelangt. Eine Batterie, die zu häufig aufgeladen werden muss, deutet auf Probleme mit dem Ladesystem hin. Schauen Sie in Ihr Handbuch, wie das zu prüfen ist.

Man sollte auch sicherstellen, dass die Batterieanschlüsse festsitzen. Sie können sich lockern und Probleme verursachen, denen man nur schwer nachgehen kann. Ein Klecks Vaseline oder Batteriefett verhindert Korrosion, die sich auf den Anschlüssen bildet, und stellt eine gute Verbindung sicher.

Eine konventionelle Bleibatterie wird typischerweise bis zu drei Jahre alt, vorausgesetzt, sie ist ordentlich gewartet.

Stecker

Mit der Gewissheit, dass die Batterie sich in einem guten Zustand befindet, ist es Zeit die Steckverbinder zu prüfen, die die verschiedenen elektrischen Komponenten miteinander verbinden. Sie finden diese Stecker bei fast allen Motorrädern, und wenn Feuchtigkeit eindringt, können sie Fehler verursachen. Trennen Sie die Verbindungen und sprühen Sie ein wenig Kontaktreiniger auf die Anschlüsse.

Glühlampen

Prüfen Sie, ob Ihre Beleuchtung funktioniert. Das klingt einfach, es ist aber immer wieder erstaunlich, weil leicht man das vergisst. Es ist sinnvoll, Scheinwerfer, Rücklichter und Blinker vor jeder Fahrt zu prüfen. Es ist ebenso sinnvoll, beide Bremsen zu betätigen, um das Bremslicht zu prüfen, und zu kontrollieren, ob seine Schalter funktionieren. Es gibt wahrscheinlich akribische Seelen, die das tun. Am anderen Ende der Fahnenstange gibt es Fahrer, denen man mitteilen muss, dass ihr Rücklicht nicht funktioniert, und die nur dann Probleme mit dem Scheinwerfer bemerken, wenn sie im Dunkeln nichts mehr erkennen können. Diese Nachlässigkeit macht sich nicht bezahlt, denn hier geht es um Sicherheit.

Falls Sie bemerken, dass die Kontrollleuchte für Ihr Blinklicht auf dem Armaturenbrett schneller als gewöhnlich blinkt, ist es in der Regel ein Zeichen dafür, dass eine oder mehr Blinker durchgebrannt sind.

Sicherungen

Das Erste, was man untersuchen muss, wenn ein elektrisches Bauteil nicht mehr funktioniert, ist die zugehörige Sicherung. Die Sicherungskästen von Motorrädern sind im allgemeinen an leicht zugänglichen Stellen untergebracht – unter dem Sitz oder innerhalb der Verkleidung. Es gibt in der Regel einen hilfreichen Schlüssel auf einem Etikett im Deckel des Sicherungskastens, der Aufschluss darüber gibt, welche Sicherung welchem Bauteil zuzuordnen ist.

Eine durchgebrannte Sicherung ist oft ein Zeichen für einen Kurzschluss oder ein fehlerhaftes elektrisches Bauteil. Aber manchmal brennen Sicherungen aus keinem erkennbaren Grund durch, insbesondere bei Motorrädern, die sehr stark vibrieren. Wenn Sie eine Sicherung ersetzen, und sie brennt erneut durch, dann erfordert der Fehler eine genaue Untersuchung. Es ist Zeit, das Handbuch aufzuschlagen. Einige Motorräder verwenden einen Sicherungsautomaten statt einer Hauptsicherung.

Schalter

Schalter am Lenker sind wahrscheinlich die am wenigsten geschützten elektrischen Bauteile – besonders bei unverkleideten Motorrädern. Deshalb ist es sinnvoll, sie einmal im Jahr abzubauen, die Korrosionen wegzukratzen, und Metall- und Kunststoffteile der Schalterkomponenten leicht mit Vaseline einzuschmieren.

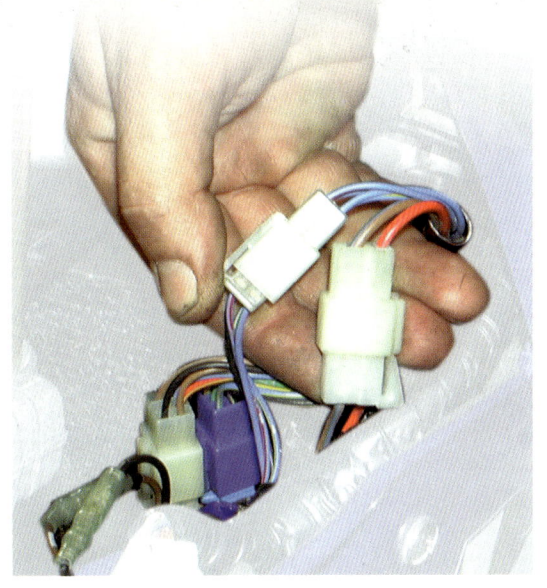

Steckverbindungen: Ein kleines bisschen vorbeugende Wartung wird sicherstellen, dass sie den elektrischen Strom dort fließen lassen, wo er fließen muss.

Glühlampen brennen hin und wieder durch, aber in der Regel nur dann, wenn sie alt und Vibrationen ausgesetzt sind. Falls sie ständig ausfallen, gibt es ein Problem.

Sicherungen schützen vor Schäden durch elektrische Überlastung. Falls sie jedoch gleich nach dem Ersatz wieder durchbrennen, gibt es einen ernsthafteren Fehler.

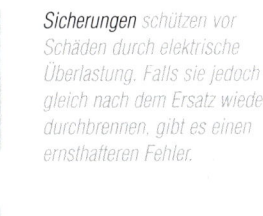

Durchgebrannt

Intakt

Weitere Tipps

Falls Sie einen Druckreiniger zur Reinigung Ihres Motorrads verwenden, achten Sie darauf, dass keine elektrischen Steckverbinder oder Bauteile angeblasen werden. Hauptschalter am Seitenständer werden oft von Schmiere vom vorderen Kettenrad bedeckt. Weil der Schalter das Zündsystem lahm legen kann, sollte er sauber gehalten werden. Verwenden Sie keine Reinigungslösung. Wischen Sie den Schalter einfach mit einem Lappen ab, und prüfen Sie, ob er frei und reibungslos arbeitet.

TÜV

Eine TÜV-Bescheinigung ist einfach ein Stück Papier, das bestätigt, dass ein bestimmtes Motorrad zu dem Zeitpunkt, zu dem es untersucht wurde, in straßentauglichem Zustand war – eine solche Bescheinigung muss jedes Motorrad haben. Ihre Versicherung kann ungültig werden, wenn Sie einen Unfall haben und Ihr Motorrad hat keine TÜV-Bescheinigung. Hier sind nun die Punkte, auf die der TÜV-Prüfer schauen wird. Sie können sich eine Menge Ärger und Mühe ersparen, wenn Sie selber danach sehen, bevor Sie zum TÜV fahren.

Bremsen

- Jedes Rad wird vom Boden gehoben, die Bremsen werden betätigt und wieder losgelassen, das Rad wird gedreht, um es auf Freigängigkeit zu prüfen.
- Bremsscheiben werden auf Risse geprüft und darauf, dass sie sicher befestigt sind.
- Die Beläge von Scheibenbremssystemen werden einer Prüfung unterzogen, damit sicher ist, dass die Beläge nicht ihre Verschleißgrenze erreicht haben.
- Trommelbremsen werden auf die richtige Funktion geprüft und daraufhin, dass der Winkel zwischen Bremszug oder -gestänge und dem Hebel an der Trommel bei betätigter Bremse nicht zu groß ist.
- Bremsschläuche und ihre Verbindungen werden nach Zeichen von Korrosion und Leckagen von Hydraulikflüssigkeit überprüft.
- Die Hebel der Hinterradbremse werden auf Sicherheit geprüft und darauf, dass die Halter von Gegenmuttern oder Splinten gesichert werden.
- Motorräder mit ABS haben eine Warnleuchte im Armaturenbrett, und der Prüfer wird testen, ob sie funktioniert.
- Der Prüfer wird die Wirksamkeit der Bremsen testen. Das sollte aber kein Problem sein, wenn Ihre Bremsen ordentlich gewartet wurden.

Lenkung

- Das Vorderrad wird vom Boden abgehoben und der Lenker von Anschlag zu Anschlag gedreht, um zu prüfen, dass Griffe und Schalter nicht an den Tank stoßen oder die Daumen des Fahrers einklemmen. Ruinierte Anschläge können hier Probleme machen.
- Gleichzeitig wird der Prüfer die Lenkung daraufhin untersuchen, ob sie sich frei bewegen lässt, was von falsch verlegten Zügen, verschlissenen oder schlecht justierten Lenkkopflagern herrühren kann.
- Der Prüfer wird durch Ziehen am unteren Ende der Gabelbeine nach Spiel im Lenkkopflager schauen.
- Lenker und Bedienelemente müssen sicher befestigt sein.

Räder und Reifen

▸ Gussräder dürfen keine Risse aufweisen. Bei Speichenrädern darf keine Speiche fehlen, sie dürfen nicht korrodiert, nicht verbogen, und die Speichen müssen richtig gespannt sein.

▸ Felgen müssen rund sein. Die Räder werden gedreht, um die Unwucht von Reifen und Felgen zu prüfen, und auch um sicherzustellen, dass sie nicht mit Schmutzfängern, Teilen der Verkleidung oder der Aufhängung in Berührung kommen.

▸ Radlager werden auf außergewöhnlichen Verschleiß geprüft. Schauen Sie noch einmal in den entsprechenden Kapiteln nach, wie man das prüft.

▸ Reifen werden auf gleichmäßiges Profil und gleichmäßige Seitenwände geprüft und auf den Profilzustand.

▸ Reifen werden auch daraufhin geprüft, ob sie vom richtigen Typ sind und ob Vorder- und Hinterradreifen zueinander passen. Die Reifen müssen für die Straße zugelassen sein. Jeder Reifen, der dem nicht entspricht, fällt durch die TÜV-Prüfung. Die Richtungspfeile auf den Reifen werden geprüft.

▸ Die Sicherheit der Radachsen ist ein weiterer Punkt auf der Tagesordnung des Prüfers. Wo sie vorgesehen sind, müssen selbstsichernde oder Kronenmuttern mit Splint auch montiert sein.

▸ Auch die Radflucht wird geprüft. Sie können das selber tun, indem Sie in diesem Buch in das entsprechende Kapitel über Ketten schauen.

Endantrieb

▸ Ketten und Riemen müssen in gutem Zustand und richtig gespannt sein. Das hintere Kettenrad muss sicher auf der Nabe befestigt sein. Auch der Gesamtzustand des Kettenrads wird geprüft.

▸ Bei Motorrädern mit Kardanantrieb wird das Kegelrad auf Undichtigkeit geprüft, da sonst Öl auf den Hinterreifen gelangen könnte.

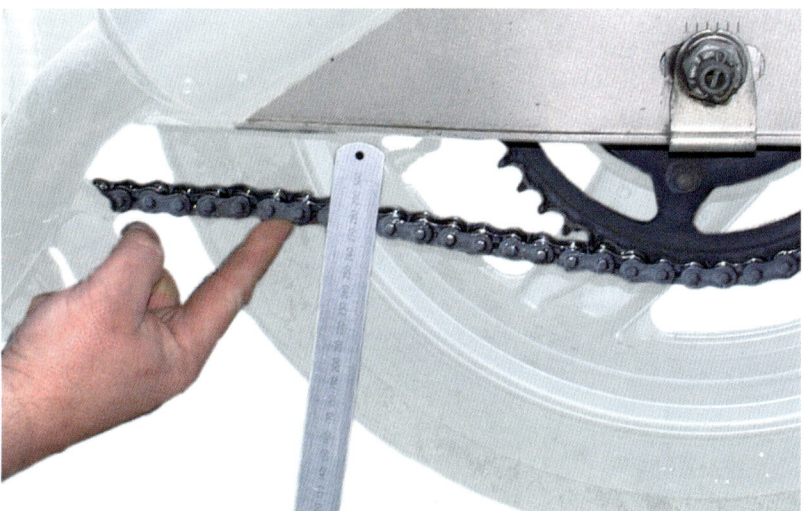

Allgemeine Prüfungen

▸ Denken Sie daran, dass der TÜV-Prüfer Ihnen nichts Böses will. Er prüft einfach, ob Ihr Motorrad straßentauglich und somit sicher ist. Abgesehen von den Prüfpunkten, die bereits erwähnt wurden, prüfen Sie also selber, ob Karosserieteile, der Sitz, Schmutzfänger-Verkleidungen und wichtige Halter sicher befestigt sind.

▸ Alle Fußstützen und Bedienelemente müssen sicher befestigt sein. Korrosion am Rahmen oder an tragenden Komponenten halten der TÜV-Untersuchung nicht stand, prüfen Sie also auch diese Bereiche.

▸ Stellen Sie zum Schluss sicher, dass Ihr Motorrad vorzeigbar ist. Je besser der Allgemeinzustand des Motorrads ist, desto höher ist auch die Chance, dass Sie Ihre TÜV-Bescheinigung bekommen.

Auspuff

▸ Er muss sicher befestigt sein und nicht mit Komponenten der Hinterradaufhängung kollidieren.

▸ Das Motorrad wird angelassen und der Gasgriff betätigt, damit sichergestellt ist, dass keine Löcher oder Undichtigkeiten im gesamten System vorhanden sind, einschließlich des Dämpfers.

▸ Der Prüfer wird entweder nach einem Endrohr der Originalausstattung schauen oder nach einem ABE-Stempel auf dem Schalldämpfer. Alles was mit "nur für Rennzwecke" oder "nicht für den Straßengebrauch" markiert ist, wird die TÜV-Bescheinigung nicht erhalten.

Hinterradaufhängung

▸ Der Prüfer schaut nach ausreichender Dämpfung im hinteren Stoßdämpfer oder in den hinteren Stoßdämpfern, während er gleichzeitig prüft, dass nichts scheuert.

▸ Der Prüfer wird den oder die Stoßdämpfer daraufhin untersuchen, ob die Dämpferstange(n) korrodiert sind und ob Öl austritt.

▸ Die Lager der Schwinge werden geprüft, indem das Hinterrad vom Boden abgehoben und die Schwinge zur Seite gedrückt wird. Gleichzeitig wird das Hinterrad hochgezogen, um zu prüfen, ob die Aufhängungsgestänge Verschleiß aufweisen.

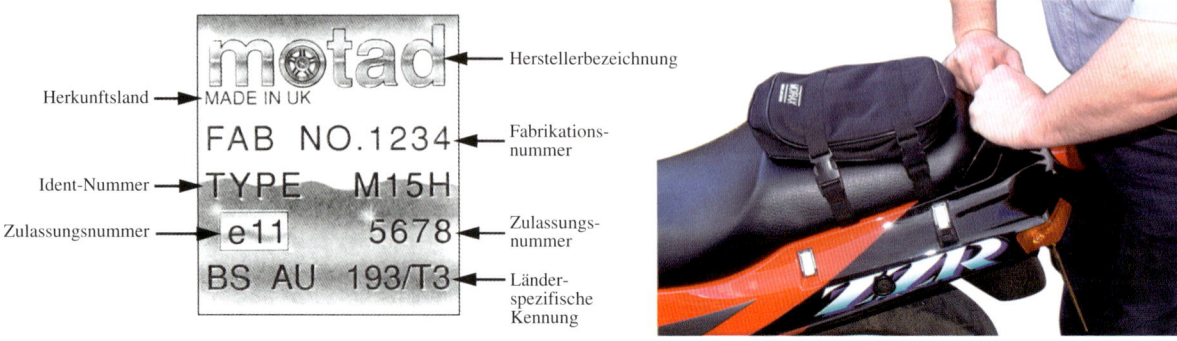

Herstellerbezeichnung

Herkunftsland

Fabrikationsnummer

Ident-Nummer

Zulassungsnummer

Zulassungsnummer

Länderspezifische Kennung

Leuchten, Blinker, Hupen

▸ Scheinwerfer und das Rücklicht müssen beide in Abblend- und Fernlichtstellung funktionieren. Ist der Schalter in der Parkposition, dann müssen die vorderen und hinteren Lichter aufleuchten.

▸ Blinklichter müssen mit der richtigen Frequenz aufleuchten, und die Kontrollleuchten und der Schalter müssen richtig funktionieren. Falls Ihr Motorrad eine Warnblinkanlage hat, müssen alle vier Blinker in Betrieb sein, wenn sie eingeschaltet wird.

▸ Das Bremslicht muss aufleuchten, wenn eine Bremse betätigt wird. Motorräder, die nach dem 1. April 1986 hergestellt wurden, müssen Bremslichtschalter für Vorder- und Hinterradbremsen haben.

▸ Die Hupe muss einen Dauerton in ausreichender Lautstärke abgeben.

▸ Falls Sie annehmen, dass Ihr Scheinwerfer nicht richtig steht, prüfen Sie das anhand der Skizze auf dieser Seite. Ziehen Sie eine waagerechte Linie in der Höhe auf die Garagenwand, die mit dem Mittelpunkt ihres Scheinwerfers übereinstimmt, und stellen Sie das Motorrad so weit entfernt, wie in der Skizze beschrieben. Ziehen Sie eine senkrechte Markierung in Übereinstimmung mit der Mittellinie des Motorrads. Nehmen Sie nun das Motorrad vom Bock und setzen sich darauf. Wenn der Scheinwerfer abgeblendet wird, sollte der Strahl auf der Wand unter die waagerechte Linie und von der senkrechten Linie nach links abfallen.

Vorderradaufhängung

▸ Der Prüfer nimmt das Motorrad vom Bock, setzt sich darauf, betätigt die Vorderradbremse und pumpt die Gabel auf und nieder, um zu prüfen, ob sie klemmt und die Dämpfung ausreichend ist.

▸ Gabeldichtungen und die Rohre werden geprüft, die Dichtungen auf Undichtigkeiten und die Gleitrohre auf Korrosion.

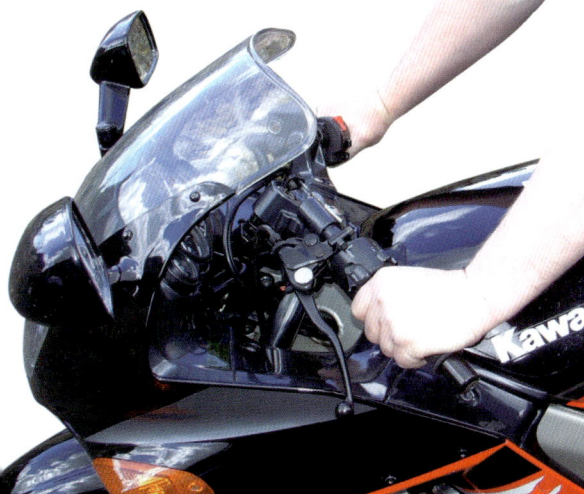

3·8 m

90°

90°

H29003

Unterbringung

Wenn Sie mit Ihrem Motorrad nicht zur Arbeit pendeln, wird es vermutlich einige Monate des Jahres in der Garage verbringen. Ein Motorrad aufzubewahren, ist kein Fall von In-den-Schuppen-stellen-und-dann-vergessen – besonders dann nicht, wenn Sie es in einem guten Zustand vorfinden möchten.

Motorräder sind sehr anfällig für Korrosion, die durch Streusalz auf der Straße verursacht wird. Korrosion kann innerhalb kurzer Zeit beginnen und ist kaum aufzuhalten. Waschen Sie Ihr Motorrad also gut, bevor Sie es wegstellen, und stellen Sie sicher, dass es vollständig trocken ist, bevor Sie es in den Schuppen verfrachten.

Falls das Motorrad verkleidet ist, entfernen Sie die Verkleidung, damit auch die ungünstigen Stellen darunter erreicht werden. Eine Flaschenbürste mit festen Borsten macht das Leben leichter und schützt Ihre Knöchel. Ein Druckreiniger ist dennoch die bequemste und effektivste Methode. Schmieren Sie danach auch die Kette.

Überziehen Sie die Kolbenbohrungen und -ringe mit Öl, indem Sie die Zündkerzenstecker entfernen und einen Teelöffel Öl in jedes Zündkerzenloch spritzen. Setzen Sie die Zündkerzen wieder ein und drehen den Motor mit dem Kickstarter oder mit dem elektrischen Starter einmal durch, wobei der Hauptschalter ausgeschaltet bleibt.

Denken Sie vorher daran, das Benzin abzulassen oder wenigstens den Benzinhahn zu schließen und das Motorrad so lange laufen zu lassen, bis es wegen Spritmangels stoppt. Das verhindert, dass sich Benzinrückstände in den Vergasern absetzen und kleine Öffnungen verstopfen. Falls Ihr Motorrad eine lange Zeit die Straße nicht sehen wird, könnten Sie dem Benzin Kraftstoffstabilisator hinzufügen wollen. Ansonsten kann Benzin im Winterlager verfliegen, und Sie müssen den Stabilisator im kommenden Frühjahr ersetzen. Achten Sie auf die ordentliche Entsorgung des alten Benzins.

Vollständig entleerte Tanks können korrodieren, wenn Sie längere Zeit sich selbst überlassen werden. Entfernen Sie deshalb den Tank, gießen einen halben Liter Motoröl hinein und schütteln den Tank, damit die Innenseite mit Öl beschichtet wird. Denken Sie daran, das Öl wieder zu entfernen, wen Sie den Tank erneut mit Benzin füllen.

Lufteinlässe oder Schalldämpfer können verstopft oder mit einer Plastiktüte abgedeckt werden, damit kein Kondensat entsteht. Lassen Sie das Motorrad warm laufen, dann wieder abkühlen, und decken Sie es dann ab.

Die meisten Batterien, sogar neue, entladen sich während der Winterpause, wenn das Motorrad nicht benutzt wird. Das Problem ist schlimmer, wenn das Motorrad mit einer Alarmanlage ausgerüstet ist, egal wie klein die Belastung ist. Ein trickreiches Ladegerät sorgt für die Ladungserhaltung, ohne der Batterie zu schaden. Am besten entfernt man die Batterie und bewahrt sie an einer Stelle auf, wo sie nicht dem Frost ausgesetzt ist. Falls es sich um einen offenen Typ handelt, sorgen Sie dafür, dass genug Elektrolyt enthalten ist.

Wenn das Motorrad wassergekühlt ist, prüfen Sie, ob Frostschutzmittel im Kühlsystem ist. Eine Frostnacht genügt, um einen teuren Schaden zu verursachen. Ein Korrosionshemmer im Frostschutzmittel wird das Kühlsystem vor innerem Schaden bewah-

ren. Falls das Motorrad von einer Kette angetrieben wird, sorgen Sie dafür, dass die Kette geschmiert ist – eine rostige Kette verschleißt schneller. Wenn Sie schon einmal beim Schmieren sind, sollten Sie auch daran denken, eine dünne Schicht Öl oder ein vergleichbares Mittel auf die Felgen zu schmieren, wenn sie verchromt sind, und die Gabel und andere ungeschützte Metallteile nicht vergessen. Denken Sie jedoch daran, die Bremsscheiben nicht zu besprühen.

Prüfen Sie schließlich die Reifendrücke. Ein Motorrad, das einige Monate auf platten Reifen gestanden hat, wird sie wahrscheinlich derart verformen, dass die Reifen ihre Form verlieren oder, noch schlimmer, reißen. Falls Ihr Motorrad einen Hauptständer hat, stellen Sie ihn so auf, dass die Räder frei schweben. Falls möglich, stellen Sie das Motorrad auf Ständer, die Räder vom Boden fernhalten. Wenn Sie solche Ständer nicht haben, drehen Sie die Räder regelmäßig.

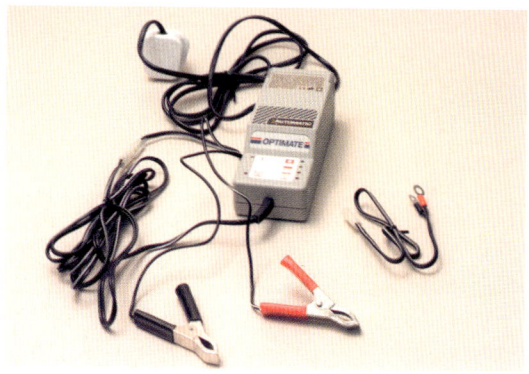

Solche Ladegeräte halten die Batterie in Form.

Die Batterie sollte während der Überwinterung vom Bordnetz getrennt werden.

Den Kupplungshebel kann man so festbinden, damit die Kupplung während der Standzeit getrennt bleibt.

Ist das **Motorrad** legal?

Nummernschild

Es war in den vergangenen Jahren beliebt, das Standard-Kennzeichen von Sportbikes aus ästhetischen Gründen durch ein kleineres zu ersetzen. Das Gesetz nimmt es jedoch mit Nummernschildern genau und verlangt, dass sie eine bestimmte Größe sowie Buchstaben mit bestimmter Größe und mit bestimmtem Abstand aufweisen. Alles andere ist nicht vorschriftsmäßig.

Auspuffrohr

Auspuffrohre aus dem Zubehörhandel sind die beliebtesten Dinge, die Menschen an ihren Motorrädern befestigen. Entweder weil sie das zusätzliche Geräusch und die zusätzliche Leistung mögen oder weil es einfach nach einem Unfall preiswerter ist, einen Dämpfer aus dem Zubehör zu kaufen. Sofern der Auspuff jedoch nicht die gesetzlichen Geräuschbestimmungen erfüllt und entsprechend ausgewiesen ist, darf man ihn nicht auf der Straße einsetzen.

Scheinwerfer-Abdeckung

Das Gesetz sagt, dass Lichter, die nach vorne scheinen, weiß sein sollten, und Lichter, die nach hinten scheinen, rot. Jede Abweichung davon ist illegal.

Breitere Reifen

Es ist nicht legal, breitere oder schmalere Reifen als die vom Hersteller empfohlenen aufzuziehen. Reifen beeinflussen mehr als alles andere das Handling Ihres Motorrads, und es besteht die Gefahr, dass Ihre Versicherung es als Entschuldigung nehmen könnte, nach einem Unfall nicht zu bezahlen.

Lackierung

Es gibt kein Gesetz darüber, welche Farbe Ihr Motorrad haben darf, obwohl man wahrscheinlich nicht damit durchkommt, wenn man sein Motorrad wie ein Polizeifahrzeug lackiert. Und es wird allgemein mit Stirnrunzeln betrachtet, wenn Sie Nummern wie bei Motorradrennen aufmalen.

Beifahrer

Insoweit das Motorrad dafür konstruiert wurde, Beifahrer mitzunehmen, und insoweit der Beifahrer oder die Beifahrerin mit seinen oder ihren Füssen die Fußrasten erreichen kann, ist nichts dagegen einzuwenden. Die einzigen wirklich gesetzlichen Bestimmungen sind die Helmpflicht. Einige Versicherungspolicen schließen die Deckung für den Sozius aus. Sie sollten also Ihren Vertrag daraufhin prüfen.

Fehler-
suche

Wenn mal etwas schief geht, was mitunter geschieht, bleiben Sie ruhig. Ein Motorrad ist ein mechanisches Wesen und wird als solches beherrscht von den Regeln der Technik und Mechanik. Wenn man etwas Logik anwendet, ist es ziemlich einfach, den Wurzeln des Problems auf die Schliche zu kommen. Wenn Ihre eigenen mechanischen Fähigkeiten nicht ausreichen, um das Problem zu lösen, werden Sie doch in der Lage sein, den Jungs in der Werkstatt den richtigen Weg zu weisen.

Damit Sie die Bäume im Wald, den Sie vor lauter Bäumen manchmal nicht sehen werden, wieder erkennen können, werden wir im folgenden einige grundlegende Infos zur Fehlersuche vorstellen, die sie mindestens in die richtige Richtung lenken sollen. Zweitakt-Fahrer können alle Hinweise auf Ventile und Nockenwellen ignorieren, aber das übrige Material passt unabhängig vom Motortyp.

Der Motor springt nicht an oder startet nur schwer

Der Anlasser dreht nicht

Motorhauptschalter ist aus
Die Sicherung ist defekt. Prüfen Sie die Hauptsicherung und die Sicherung für den Anlasserschaltkreis.

Die Batteriespannung ist zu niedrig
Prüfen Sie die Batterie (den Akku) und laden Sie ggf. auf.

Defekt des Anlassers
Stellen Sie sicher, dass die Verkabelung des Anlassers in Ordnung ist. Prüfen Sie, ob das Anlasser-Relais klickt, wenn der Startknopf gedrückt wird. Wenn das Relais klickt, ist der Fehler in der Verkabelung oder im Motor zu suchen.

Anlasser-Schalter hat keinen Kontakt
Die Kontakte könnten feucht, korrodiert oder verschmutzt sein. Zerlegen Sie den Schalter und reinigen ihn. Schauen Sie in Ihr Handbuch.

Kabelbruch oder Kurzschluss
Prüfen Sie alle Kabelverbinder und den Kabelbaum, damit sichergestellt ist, dass sie trocken und nicht korrodiert sind sowie fest sitzen. Schauen Sie auch nach zerrissenen oder durchgescheuerten Kabeln, die einen Kurzschluss nach Masse (Erde) verursachen können. Den Verdrahtungsplan finden Sie in Ihrem Handbuch.

(Haupt-) Zündschalter defekt
Prüfen Sie den Schalter anhand des Verfahrens, das in Ihrem Handbuch beschrieben ist. Tauschen Sie den Schalter gegen einen neuen, falls er defekt ist.

Motorhauptschalter defekt
Schauen Sie nach nassen, schmutzigen oder korrodierten Kontakten. Reinigen oder ersetzen Sie den Schalter, falls notwendig.

Fehlerhafter Neutral-, Seitenständer- oder Kupplungs-schalter
Prüfen Sie die Verdrahtung zu jedem Schalter und die Schalter selber anhand des Verfahrens, das in Ihrem Handbuch beschrieben ist.

Anlasser dreht, aber Motor nicht

Anlasserkupplung defekt
Prüfen und reparieren oder austauschen. Schauen Sie in Ihr Handbuch.

Beschädigte Anlasser-Zahnräder
Prüfen und austauschen der beschädigten Teile. Schauen Sie in Ihr Handbuch.

Anlasser funktioniert aber Motor dreht nicht
Festgegangener Motor wegen intern beschädigter Bauteile. Fehler wegen Verschleißes, falscher oder fehlender Schmierung. Beschädigung wie festsitzende Ventile, Mitnehmer, Nockenwelle, Kolben, Kurbelwelle, Pleuellager sowie Gänge oder Lager des Getriebes.

Kein Benzinfluss

Kein Benzin im Tank

Benzintank-Belüftungsschlauch verstopft

Benzinhahn oder -filter (Vergaser-Modelle) oder Filter der Benzinpumpe (Modelle mit Einspritzung) verstopft
Entfernen Sie den Hahn oder die Pumpe und reinigen oder ersetzen Sie den Filter. Schauen Sie in Ihr Handbuch.

Benzinleitung verstopft
Ziehen Sie die Benzinleitung ab und blasen sie sorgfältig durch.

Schwimmernadelventil verstopft (Vergaser)
Bei Ventilen, die verstopft sind, gilt: Entweder wurde eine sehr schlechte Benzinfüllung mit einem ungewöhnlichen Zusatz verwendet oder anderes fremdes Material ist in den Tank gelangt. Immer, wenn eine Maschine monatelang ohne zu laufen abgestellt wurde, kippt das Benzin in eine firnisartige Flüssigkeit und bildet Ablagerungen auf den Nadelventilen und -düsen. Die Vergaser sollten überholt werden, falls das Trockenlegen der Schwimmergehäuse das Problem nicht löst.

Benzinpumpe oder Relais fehlerhaft (Einspritzung)
Prüfen Sie die Benzinpumpe und das Relais. Schauen Sie in Ihr Handbuch.

Motor "abgesoffen" (Vergaser)
Schwimmer zu hoch. Prüfen Sie, wie in Ihrem Handbuch beschrieben.

Schwimmernadelventil verschlissen oder bleibt offen
Schmutz, Rost kann dazu führen, dass das Ventil unsauber sitzt, was dazu führt, dass überschüssiges Benzin in das Schwimmergehäuse gelangt. In diesem Fall sollte das Schwimmergehäuse gereinigt und Sitz des Nadelventils und das Nadelventil selber inspiziert werden. Falls die Nadel verschlissen ist und der Sitz nicht stimmt, wird die Undichtigkeit fortdauern, und die Teile sollten ersetzt werden.

Falsche Anlasstechnik
Unter normalen Umständen, sollte die Maschine mit wenig oder keinem Gas anspringen. Wenn der Motor kalt ist, sollte man den Choke ziehen und den Motor ohne Gas anlassen. Falls der Motor abgesoffen ist, drehen Sie den Benzinhahn zu und halten die Drosselklappe offen (Vollgas geben), während Sie den Motor anlassen. Dadurch kommt zusätzliche Luft in die Zylinder.

Motor abgesoffen (Modelle mit Einspritzung)
Fehlerhafter Druckregler – falls er geschlossen bleibt, könnte zuviel Druck in der Benzinzuführung sein. Prüfen Sie nach Handbuch.

Einspritzdüsen bleiben offen, dadurch fließt ständig Benzin in den Motor hinein
Prüfen Sie wie in Ihrem Handbuch beschrieben.

Falsche Anlasstechnik

Siehe den Hinweis für Motorräder mit Vergasern. Aber beachten Sie, dass einige Motorrädern mit Einspritzung keinen Choke-Zug und die meisten keinen handbetriebenen Benzinhahn haben.

Kein oder nur schwacher Zündfunke

Zündschalter AUS

Motorkillschalter in AUS-Stellung

Die Batteriespannung ist zu niedrig
Prüfen Sie die Batterie (den Akku) und laden sie ggf. auf.

Zündkerzenstecker verschmutzt oder defekt
Stellen Sie den Grund für die Verschmutzung fest, indem Sie das Zustandsdiagramm für die Zündkerze zu Hilfe nehmen.

Zündkerzenstecker sind fehlerhaft
Prüfen Sie den Zustand. Ersetzen Sie die Stecker, falls Risse oder Verschleiß sichtbar sind. Schauen Sie in Ihr Handbuch.

Zündkerzenstecker stellen keinen guten Kontakt her
Sitzen die Kerzenstecker richtig auf den Kerzen?

Zündungssteuerung (Vergaser-Modelle) oder elektronische Einspritzsteuerung defekt
Prüfen Sie die Geräte, indem Sielhr Handbuch zu Rate ziehen.

Verteiler defekt
Prüfen Sie das Gerät, indem Sie Ihr Handbuch zu Rate ziehen.

Zündspulen defekt
Prüfen Sie die Spulen, indem Sie Ihr Handbuch zu Rate ziehen.

Zünd- oder Hauptschalter kurzgeschlossen
Im allgemeinen verursacht von Wasser, Korrosion, Beschädigung oder übermäßigem Verschleiß. Die Schalter können zerlegt und mit Elektrokontaktreiniger gereinigt werden. Falls dass nicht hilft, ersetzen Sie die Schalter, indem Sie Ihr Handbuch zu Rate ziehen.
Verkabelung kurzgeschlossen oder unterbrochen zwischen:
a) Zündschalter und Killschalter (oder defekte Sicherung)
b) Zündung oder Einspritzsteuerung und Motorhauptschalter
c) Zündung oder Einspritzsteuerung und Zündspulen
d) Zündspulen und Zündkerzensteckern
e) Zündung oder Einspritzsteuerung und Impulsgenerator
Stellen Sie sicher, dass alle Kabelverbindungen sauber, trocken sind. Schauen Sie nach durchgescheuerten und gebrochenen Kabeln.

Verdichtung niedrig

Zündkerzen locker
Entfernen Sie die Zündkerzen und untersuchen Sie ihre Gewinde. Setzen Sie die Zündkerzen wieder ein und ziehen sie mit dem vorgeschriebenen Drehmoment an. Schauen Sie in Ihr Handbuch.

Zylinderköpfe nicht ausreichend angezogen
Schauen Sie in Ihr Handbuch. Falls der Zylinderkopf im Verdacht steht, undicht zu sein, könnte die Dichtung oder der Kopf beschädigt sind, falls das Problem bereits längere Zeit besteht.

Falsches Ventilspiel
Prüfen Sie die Ventilspiele, indem Sie Ihr Handbuch zu Rate ziehen.

Zylinder und/oder Kolben verschlissen
Übermäßiger Verschleiß wird dazu führen, dass der Verdichtungsdruck durch die Kolbenringe entweicht. Das geht mit verschlissenen Ringen einher. Eine Generalüberholung ist erforderlich.

Kolbenringe sind schwach, gebrochen oder klemmen
Gebrochene oder klemmende Kolbenringe deuten auf ein Schmierungs- oder ein Problem mit dem Vergaser hin, das übermäßige Verbrennungsrückstände auf Kolben und Ringen hinterlässt. Hier ist wiederum eine Generalüberholung erforderlich.

Stoßspiel übermäßig groß
Verursacht durch Verschleiß der Ringnut. Kolben und Ring ersetzen.

Zylinderkopfdichtung beschädigt
Wenn der Zylinderkopf nicht richtig angezogen ist oder wenn übermäßige Kohlerückstände auf dem Kolbenboden vorhanden sind, verursacht das eine extrem hohe Verdichtung, dann kann die Kopfdichtung undicht sein. Den Kopf mit dem richtigen Drehmoment festzuziehen, ist nicht ausreichend, um die Dichtigkeit wiederherzustellen. Deshalb ist der Ersatz der Dichtung erforderlich.

Zylinderkopf verzogen
Problem wird durch Überhitzung oder unsauber angezogene Kopfschrauben verursacht. Hier braucht man eine Überarbeitung oder einen neuen Zylinderkopf und eine neue Dichtung.

Ventilfeder gebrochen oder schwach
Materialfehler oder Verschleiß. Die Feder muss ersetzt werden.

Ventil schließt nicht richtig
Problem wird durch ein verbogenes, ein verbranntes Ventil, einen verbrannten Sitz oder Kohlerückstände auf dem Sitz verursacht. Ventile müssen gereinigt oder ersetzt und die Ventilsitze korrigiert oder ersetzt werden.

Stoppt nach dem Anlassen

Unsaubere Choke-Funktion (Vergaser)
Schauen Sie in Ihr Handbuch.

Fehlfunktion der Zündung
Schauen Sie in Ihr Handbuch.

Fehlfunktion des Vergasers oder des Einspritzsystems
Schauen Sie in Ihr Handbuch.

Benzin verunreinigt
Benzin kann verunreinigt sein, oder es kann sich chemisch ändern, wenn die Maschine lange nicht bewegt wurde. Legen Sie Tank und Schwimmergehäuse trocken. Prüfen Sie, ob Benzin fließt.

Luftverlust am Einlass
Schauen Sie nach einem lockeren Einlasskrümmer am Vergasergehäuse, nach lockern oder fehlenden Schrauben oder Schläuchen am Unterdruckmessadapter oder nach lockern Vergaserdeckeln.

Leerlaufdrehzahl des Motors nicht korrekt
Justieren Sie die Leerlaufstellschraube, bis der Motor die in Ihrem Handbuch angegebene Leerlaufdrehzahl erreicht. Prüfen Sie bei Modellen mit Einspritzung auch andere Bauteile nach Handbuch.

Unruhiger Leerlauf

Fehlfunktion der Zündung
Schauen Sie in Ihr Handbuch.

Leerlaufdrehzahl nicht korrekt
Schauen Sie in Ihr Handbuch.

Vergaser nicht synchronisiert
Stellen Sie beide mit einem Unterdruckmesser oder Manometer so ein, wie in Ihrem Handbuch beschrieben.

Fehler im Vergaser- oder Benzineinspritzsystem
Schauen Sie in Ihr Handbuch.

Benzin verunreinigt
Benzin kann durch Schmutz und Wasser verunreinigt sein oder sich chemisch ändern, wenn die Maschine mehrere Monate nicht bewegt worden ist. Legen Sie Tank und Schwimmergehäuse trocken.

Luftverlust am Einlass
Schauen Sie nach einem lockern Einlasskrümmer am Vergasergehäuse, nach lockern oder fehlenden Schrauben oder Schläuchen am Unterdruckmessadapter oder nach lockern Vergaserdeckeln.

Luftfilter verstopft
Reinigen oder ersetzen Sie das Luftfilter-Bauteil.

Schlechter Lauf bei niedrigen Drehzahlen

Schwacher Zündfunke

Die Batteriespannung ist zu niedrig
Prüfen Sie die Batterie (den Akku) und laden sie ggf. auf.

Kerzenstecker verschmutzt, defekt

Kerzenstecker defekt
Schauen Sie in Ihr Handbuch.

Kerzenstecker ohne Kontakt

Falscher Kerzenstecker
Falscher Typ, falscher Temperaturbereich. Verwenden Sie die richtigen Stecker.

Zündung (Vergaser) oder elektr. Einspritzung defekt
Prüfen Sie die Geräte, indem Sie Ihr Handbuch zu Rate ziehen.

Verteiler defekt

Zündspulen defekt

Benzin-Luft-Gemisch falsch (Vergaser)

Leerlaufschraube außerhalb der Einstellung
Schauen Sie in Ihr Handbuch.

Leerlaufdüse oder Luftkanal verstopft
Entfernen und überholen Sie die Vergaser. Schauen Sie in Ihr Handbuch.

Entlüftungslöcher verstopft
Entfernen Sie die Vergaser und blasen Sie alle Kanäle aus. Schauen Sie in Ihr Handbuch.

Benzinpegel zu hoch oder zu niedrig
Prüfen Sie die Schwimmerhöhe wie in Ihrem Handbuch detailliert beschrieben.

Einlasskrümmer am Vergaser locker
Schauen Sie nach Rissen, Brüchen oder lockern Klemmen. Ersetzen Sie die Gummiverbindungen am Einlasskrümmer, falls sie gerissen oder verrottet sind.

Benzin-Luft-Gemisch falsch (Einspritzung)

Fehlfunktion des Benzin-Einspritzsystems
Schauen Sie in Ihr Handbuch.

Einspritzdüse verstopft
Schauen Sie in Ihr Handbuch.

Benzinpumpe oder Druckregulierer fehlerhaft

Einlasskrümmer am Drosselgehäuse locker
Schauen Sie nach Rissen, Brüchen oder lockeren Klemmen. Ersetzen Sie die Gummiverbindungen am Einlasskrümmer, falls sie gerissen oder verrottet sind.

Benzin-Luft-Gemisch falsch (alle Modelle)

Luftfilter verstopft, undicht oder fehlt

Luftfiltergehäuse undicht
Schauen Sie nach Rissen, Brüchen oder lockern Klemmen und ersetzen oder reparieren Sie defekte Teile.

Belüftungsschlauch des Benzintanks verstopft

Verdichtung niedrig

Zündkerzen locker
Entfernen Sie die Zündkerzen und untersuchen Sie ihre Gewinde. Setzen Sie die Zündkerzen wieder ein und ziehen sie mit dem Drehmoment an, das in Ihrem Handbuch angegeben ist.

Zylinderköpfe nicht ausreichend angezogen
Falls ein Zylinderkopf lose ist, dann besteht die Möglichkeit, dass die Dichtung oder der Kopf beschädigt sind. Die Kopfschrauben sollten mit dem richtigen Drehmoment in der richtigen Reihenfolge festgezogen werden.

Ventilspiel nicht korrekt
Das bedeutet, dass das Ventil nicht vollständig schließt und der Verdichtungsdruck entweicht. Prüfen und stellen Sie das Spiel ein.

Zylinder und/oder Kolben verschlissen
Übermäßiger Verschleiß wird dazu führen, dass der Verdichtungsdruck durch die Ringe entweicht. Das geht auch mit verschlissenen Ringen einher. Eine Generalüberholung ist erforderlich.

Kolbenringe sind verschlissen, schwach, gebrochen
Gebrochene oder klemmende Kolbenringe deuten auf ein Schmierungs- oder Vergaser-Problem hin, das übermäßige Verbrennungsrückstände auf Kolben und Ringen hinterlässt oder Kolbenfresser verursacht. Hier ist eine Generalüberholung erforderlich.

Stoßspiel übermäßig groß
Verursacht durch Verschleiß der Ringnut. Kolben und Ring ersetzen.

Zylinderkopfdichtung beschädigt
Wenn der Zylinderkopf nicht richtig angezogen ist oder wenn übermäßige Kohlerückstände auf dem Kolbenboden vorhanden sind, verursacht das eine extrem hohe Verdichtung, dann kann die Kopfdichtung undicht sein. Den Kopf mit dem richtigen Drehmoment festzuziehen, ist nicht ausreichend, um die Dichtigkeit wiederherzustellen. Deshalb ist der Ersatz der Dichtung erforderlich.

Zylinderkopf verzogen
Problem wird durch Überhitzung oder unsauber angezogene Kopfschrauben verursacht. Hier braucht man eine Überarbeitung oder einen neuen Zylinderkopf und eine neue Dichtung.

Ventilfeder gebrochen oder schwach
Materialfehler oder Verschleiß. Die Feder muss ersetzt werden.

Ventil schließt nicht richtig
Problem wird durch ein verbogenes, ein verbranntes Ventil, einen verbrannten Sitz oder Kohlerückstände auf dem Sitz verursacht. Ventile reinigen oder ersetzen, die Ventilsitze korrigieren oder ersetzen.

Schwache Beschleunigung

Vergaser- oder Drosselklappen-Gehäuse undicht
Überholen Sie die Gehäuse.

Fehlfunktion des Benzineinspritz-Systems
Fehlerhafte Benzinpumpe oder Druckregler (Einspritzung).

Zündverstellung funktioniert nicht
Der Verteiler oder oder das elektronische Steuerungsgerät können defekt sein. Falls das so ist, müssen sie ersetzt werden.

Vergaser- oder Drosselklappen nicht synchronisiert
Stellen Sie beide mit einem Unterdruckmesser oder Manometer so ein, wie in Ihrem Handbuch beschrieben.

Viskosität des Motoröls zu hoch
Dickes Öl kann die Ölpumpe oder das Schmierungssystem beschädigen und eine Bremswirkung auf den Motor ausüben.

Bremsen schleifen
Im allgemeinen verursacht von Schmutz, der in den Dichtungen der Bremskolben geraten ist oder von einer verzogenen Scheibe. Reparieren oder ersetzen Sie die Teile, falls erforderlich.

Keine Leistung bei hoher Drehzahl

Zündung nicht korrekt

Luftfilter nicht frei
Reinigen oder ersetzen Sie den Filter.

Zündkerzen verschmutzt oder defekt

Zündkerzenstecker sind fehlerhaft

Zündkerzenkappen stellen keinen guten Kontakt her

Falsche Zündkerze
Falscher Typ, falscher Temperaturbereich. Prüfen Sie und verwenden Sie die richtigen Kerzen, wie in Ihrem Handbuch ausgewiesen.

Zündung oder ECU defekt

Zündspulen defekt

Benzin-Luft-Gemisch nicht korrekt (Vergaser)

Hauptdüse verstopft
Schmutz, Wasser oder andere Verunreinigungen können die Hauptdüsen verstopfen. Reinigen Sie den Filter im Benzinhahn, den Bereich des Schwimmergehäuses, die Düsen und Vergaserbohrungen.

Falsche Größe der Hauptdüse
Die Standardeinstellung der Düsen gilt für atmosphärischen Druck und Sauerstoffgehalt auf Meereshöhe.

Drosselklappenachse hat Spiel im Vergasergehäuse
Schauen Sie in Ihr Handbuch nach Wartung und Erneuerung.

Belüftungsschläuche verstopft
Entfernen Sie den Vergaser und blasen alle Kanäle aus.

Einlasskrümmer am Vergaser locker
Schauen Sie nach Rissen, Brüchen oder lockern Klemmen. Ersetzen Sie die Gummiverbindungen am Einlasskrümmer, falls sie gerissen oder verrottet sind.

Benzinpumpe, falls vorhanden, fehlerhaft

Benzin-Luft-Gemisch nicht korrekt (Einspritzung)

Fehlfunktion des Benzin-Einspritzsystems

Einspritzdüse verstopft

Benzinpumpe oder Druckregler fehlerhaft

Einlasskrümmer am Drosselgehäuse locker
Schauen Sie nach Rissen, Brüchen oder lockern Klemmen. Ersetzen Sie die Gummiverbindungen am Einlasskrümmer, falls sie gerissen oder verrottet sind.

Benzin-Luft-Gemisch nicht korrekt (alle)

Luftfilter verstopft, undicht oder fehlt

Luftfiltergehäuse undicht
Schauen Sie nach Rissen, Brüchen oder lockern Klemmen und ersetzen oder reparieren Sie defekte Teile.

Belüftungsschlauch des Benzintanks verstopft

Verdichtung niedrig

Zündkerzen locker
Entfernen Sie die Zündkerzen und untersuchen Sie ihre Gewinde. Setzen Sie die Zündkerzen wieder ein und ziehen sie mit dem Drehmoment an, das in Ihrem Handbuch angegeben ist.

Zylinderköpfe nicht ausreichend angezogen
Schauen Sie in Ihr Handbuch. Falls der Zylinderkopf im Verdacht steht, undicht zu sein, könnte die Dichtung oder der Kopf beschädigt sind, falls das Problem bereits längere Zeit besteht.

Ventilspiel nicht korrekt
Das bedeutet, dass das Ventil nicht vollständig schließt und der Verdichtungsdruck entweicht durch das Ventil. Prüfen und stellen Sie das Ventilspiel ein.

Zylinder und/oder Kolben verschlissen
Übermäßiger Verschleiß wird dazu führen, dass der Verdichtungsdruck durch die Ringe entweicht. Das geht im allgemeinen auch mit verschlissenen Ringen einher. Eine Generalüberholung ist erforderlich.

Kolbenringe sind verschlissen, schwach, gebrochen
Gebrochene oder klemmende Kolbenringe deuten im allgemeinen auf ein Schmierungs- oder ein Problem mit dem Vergaser hin, das übermäßige Verbrennungsrückstände auf Kolben und Ringen hinterlässt oder Kolbenfresser verursacht. Hier ist wiederum eine Generalüberholung erforderlich.

Laufspiel des Kolbens übermäßig groß
Das wird verursacht durch übermäßigen Verschleiß der Kolbenringnut. Hier ist es erforderlich, Kolben und Ring zu ersetzen.

Zylinderkopfdichtung beschädigt
Wenn der Zylinderkopf nicht richtig angezogen ist oder wenn übermäßige Kohlerückstände auf dem Kolbenboden vorhanden sind, verursacht das eine extrem hohe Verdichtung, dann kann die Kopfdichtung undicht sein. Den Kopf mit dem richtigen Drehmoment festzuziehen, ist nicht ausreichend, um die Dichtigkeit wiederherzustellen. Deshalb ist der Ersatz der Dichtung erforderlich.

Zylinderkopf verzogen
Dieses Problem wird von Überhitzung oder unsauber befestigten Zylinderkopfschrauben verursacht. Hier braucht man eine Überarbeitung oder einen neuen Zylinderkopf und eine neue Dichtung.

Ventilfeder gebrochen oder schwach
Verursacht durch Materialfehler oder Verschleiß. Die Feder muss ersetzt werden.

Ventil sitzt nicht richtig
Problem wird durch ein verbogenes, ein verbranntes Ventil, einen verbrannten Sitz oder Kohlerückstände auf dem Sitz verursacht. Ventile müssen gereinigt oder ersetzt und die Ventilsitze korrigiert oder ersetzt werden.

Klopfen und Klingeln

Im Brennraum hat sich Kohle abgelagert
Verwenden Sie einen Benzinzusatz, der die klebende Bindung der Kohleteilchen auflöst. Das ist der einfachste Weg, die Rückstände zu entfernen. Sonst müssen die Zylinderköpfe entfernt und von Kohlerückständen befreit werden.

Nicht korrektes Benzin oder Benzin geringer Qualität
Alte oder unsaubere Benzine können Detonationen verursachen. Das führt zum Kippen des Kolbens, daher der Klopfton. Lassen Sie das alte Benzin ab und verwenden Sie immer die empfohlene Benzinklasse.

Temperaturbereich der Zündkerze nicht korrekt
Unkontrollierte Explosionen deutet darauf hin, dass der Temperaturbereich zu heiß ist. Die Zündkerze wird praktisch zu einer Glühkerze und erhöht dadurch die Zylindertemperaturen. Installieren Sie den richtigen Temperaturbereich.

Unsauberes Luft-Benzin-Gemisch
Das wird dazu führen, dass die Zylinder zu heiß werden, was wiederum Frühzündungen verursacht. Dieses Ungleichgewicht kann von verstopften Düsen oder einer Luftundichtigkeit stammen.

Verschiedene Gründe

Drosselventil öffnet nicht vollständig
Justieren Sie das Spiel der Drosselfunktion.

Kupplung rutscht
Kann von lockern oder verschlissenen Kupplungsteilen verursacht werden. Schauen Sie in Ihr Handbuch.

Zündversteller funktioniert nicht
Fehlerhafte Zündsteuerung oder fehlerhaftes Zündsteuerungsgerät.

Viskosität des Motoröls zu hoch
Ein dickeres Öl als das empfohlene zu verwenden, kann die Ölpumpe oder das Schmiersystem beschädigen und eine Bremswirkung auf den Motor haben.

Bremsen schleifen
Im allgemeinen verursacht von Schmutz, der in den Dichtungen der Bremskolben geraten ist oder von einer verzogenen Scheibe. Reparieren oder ersetzen Sie die Teile, falls erforderlich.

Überhitzung

Motor wird zu heiß

Zu wenig Kühlflüssigkeit

Prüfen und füllen Sie Kühlflüssigkeit nach.

Leck im Kühlsystem
Prüfen Sie die Schläuche des Kühlsystems und den Kühler auf Undichtigkeiten und andere Beschädigungen.

Thermostat bleibt beim Öffnen oder Schließen hängen
Prüfen und austauschen.

Fehlerhafter Kühlerdeckel
Entfernen Sie den Deckel und lassen Sie ihn auf Druck prüfen.

Kühlkanäle verstopft
Legen Sie das gesamte System trocken, spülen es anschließend durch und füllen es mit frischem Kühlmittel.

Wasserpumpe defekt
Entfernen Sie die Pumpe und prüfen die Bauteile.

Kühlrippen verstopft
Reinigen Sie dadurch, dass Sie Druckluft in umgekehrter Richtung des Luftstroms durch die Kühlrippen blasen.

Kühlventilator oder Ventilatorschalter fehlerhaft

Zündung nicht korrekt

Zündkerzen verschmutzt, defekt oder verschlissen

Falsche Zündkerzen

Zündsteuerung oder Zündungssteuerungsgerät defekt

Verteiler fehlerhaft

Zündspulen fehlerhaft

Benzin-Luft-Gemisch nicht korrekt (Vergaser)

Hauptdüse verstopft
Schmutz, Wasser oder andere Verunreinigungen können die Hauptdüsen verstopfen. Reinigen Sie den Filter im Benzinhahn, den Bereich des Schwimmergehäuses, die Düsen und Vergaserbohrungen.

Falsche Größe der Hauptdüse
Die Standardeinstellung der Düsen gilt für atmosphärischen Druck und Sauerstoffgehalt auf Meereshöhe.

Drosselklappenachse hat Spiel im Vergasergehäuse
Schauen Sie in Ihr Handbuch nach Wartung und Erneuerung.

Belüftungsschläuche verstopft
Entfernen Sie den Vergaser und blasen alle Kanäle aus.

Einlasskrümmer am Vergaser locker
Schauen Sie nach Rissen, Brüchen oder lockern Klemmen. Ersetzen Sie die Gummiverbindungen am Einlasskrümmer, falls sie gerissen oder verrottet sind.

Benzinpumpe, falls vorhanden, fehlerhaft

Benzin-Luft-Gemisch nicht korrekt (Einspritzung)

Fehlfunktion des Benzin-Einspritzsystems

Einspritzdüse verstopft

Benzinpumpe oder Druckregler fehlerhaft

Einlasskrümmer am Drosselgehäuse locker
Schauen Sie nach Rissen, Brüchen oder lockern Klemmen. Ersetzen Sie die Gummiverbindungen am Einlasskrümmer, falls sie gerissen oder verrottet sind.

Benzin-Luft-Gemisch nicht korrekt (alle)

Luftfilter verstopft, undicht oder fehlt

Luftfiltergehäuse undicht
Schauen Sie nach Rissen, Brüchen oder lockern Klemmen und ersetzen oder reparieren Sie defekte Teile.

Belüftungsschlauch des Benzintanks verstopft

Verdichtung zu hoch

Im Brennraum hat sich Kohle abgelagert
Verwenden Sie einen Benzinzusatz, der die klebende Bindung der Kohleteilchen auflöst. Das ist der einfachste Weg, die Rückstände zu entfernen. Sonst müssen die Zylinderköpfe entfernt und von Kohlerückständen befreit werden.

Unsauber bearbeitete Kopfoberfläche oder Installation einer nicht korrekten Dichtung

Übermäßige Motorbelastung

Kupplung rutscht
Kann von lockern oder verschlissenen Kupplungsteilen verursacht werden. Schauen Sie in Ihr Handbuch.

Motorölstand zu hoch
Zuviel eingefülltes Motoröl wird eine Druckerhöhung im Kurbelgehäuse und einen unbefriedigenden Motorbetrieb bedeuten. Prüfen Sie die Spezifikationen und lassen so viel Öl ab, bis der vorgeschriebene Pegel erreicht ist.

Viskosität des Motoröls zu hoch
Ein dickeres Öl als das empfohlene zu verwenden, kann die Ölpumpe oder das Schmiersystem beschädigen und eine Bremswirkung auf den Motor haben.

Bremsen schleifen
Im allgemeinen verursacht von Schmutz, der in den Dichtungen der Bremskolben geraten ist oder von einer verzogenen Scheibe. Reparieren oder ersetzen Sie die Teile, falls erforderlich.

Schmierung nicht ausreichend

Motorölstand zu niedrig
Reibung, die durch gelegentlichen Ausfall der Schmierung oder durch verbrauchtes Öl entsteht, kann zur Überhitzung führen. Das Öl erfüllt eine bestimmte Kühlungsfunktion im Motor. Prüfen Sie den Ölstand.

Schlechte Qualität des Motoröls, falsche Viskosität
Öl ist nicht nur nach Viskosität, sondern auch nach Typ klassifiziert. Einige Öle sind nicht hoch genug eingestuft für die Verwendung in diesem Motor. Prüfen Sie die Angaben im Spezifikationen-Teil Ihres Handbuchs und wechseln Sie zum richtigen Öl.

Verschiedene Gründe

Änderung am Abgassystem
Die meiste Abgassysteme vom Zubehörmarkt lassen den Motor magerer laufen, was ihn gleichzeitig heißer laufen lässt. Falls Sie ein solches Abgassystem installieren, müssen Sie die Vergaser anpassen. Oder tunen Sie die Benzineinspritzung mittels einer "Black Box" aus dem Zubehörhandel.

Kupplungsprobleme

Rutschende Kupplung

Kupplungszug nicht korrekt eingestellt
Prüfen und einstellen.

Kupplungsscheiben verzogen oder beschädigt
Überholen Sie die Kupplungs-Baugruppe.

Rutschlamellen verzogen

Kupplungsfedern gebrochen oder schwach

Alte oder durch Hitze beschädigte (durch rutschende Kupplung) Federn sollten durch neue ersetzt werden.

Kupplungsfreigabemechanismus defekt

Ersetzen Sie alle defekten Teile.

Kupplungsgehäuse ungleichmäßig verschlissen

Das verursacht eine unsaubere Funktion der Scheiben. Ersetzen Sie die beschädigten oder verschlissenen Teile.

Unvollständiges Auskuppeln

Kupplungszug nicht korrekt eingestellt

Prüfen und einstellen.

Kupplungslamellen verzogen oder beschädigt

Das wird zum Schleifen der Kupplung führen. Überholen Sie die Kupplungs-Baugruppe.

Ungleichmäßige Spannung der Kupplungsfeder

Normalerweise verursacht von einer schwachen oder gebrochenen Feder. Prüfen und ersetzen Sie die Feder als Satz.

Motoröl verschlechtert

Altes, dünnes, verbrauchtes Öl wird keine saubere Schmierung für die Scheiben garantieren können. Ersetzen Sie Öl und Filter.

Viskosität des Motoröls zu hoch

Ein dickeres Öl als das empfohlene zu verwenden, kann die Ölpumpe oder das Schmiersystem beschädigen und eine Bremswirkung auf den Motor haben.

Kupplungslösemechanismus defekt

Lockere Kupplungszentralmutter

Verursacht Gehäuseunwuchten. Die Einstellung der Kupplung ändert sich ständig. Überholen Sie die Kupplungs-Baugruppe.

Probleme beim Gangwechsel

Gang geht nicht rein oder Schalthebel kommt nicht zurück

Kupplung rückt nicht aus

Siehe oben.

Schaltgabel(n) verbogen oder festsitzend

Häufig durch gestürzte Maschine oder fehlende Schmierung verursacht. Überholen Sie das Getriebe.

Zahnrad oder Zahnräder sitzen auf der Welle fest

Häufig verursacht durch fehlende Schmierung oder übermäßigen Verschleiß der Getriebelager und -futter. Überholen Sie das Getriebe.

Schaltwalze klemmt

Verursacht durch fehlende Schmierung oder übermäßigen Verschleiß. Ersetzen Sie die Trommel und die Lager.

Rückholfeder des Schalthebels schwach

Schalthebel gebrochen

Keile aus dem Hebel oder der Welle gezogen, verursacht durch einen lockern Hebel oder gestürzte Maschine. Ersetzen Sie die erforderlichen Teile.

Gangwechselmechanismus gebrochen oder verschlissen

Gänge springen heraus

Schaltgabel(n) verschlissen

Überholen Sie das Getriebe.

Zahnräder verschlissen

Überholen Sie das Getriebe.

Mitnehmer verschlissen oder beschädigt

Die Gänge sollten geprüft und ersetzt werden. Man sollte keinen Versuch unternehmen, verschlissene Teile zu warten.

Ungewöhnliches Motorgeräusch
Klopfen oder Klingeln

Im Brennraum hat sich Kohle abgelagert

Verwenden Sie einen Benzinzusatz, der die klebende Bindung der Kohleteilchen auflöst. Das ist der einfachste Weg, die Rückstände zu entfernen. Sonst müssen die Zylinderköpfe entfernt und von Kohlerückständen befreit werden.

Nicht korrektes Benzin oder Benzin geringer Qualität

Alte oder unsaubere Benzine können Detonationen verursachen. Das führt zum Kippen des Kolbens, daher der Klopfton. Lassen Sie das alte Benzin ab und verwenden Sie immer die empfohlene Benzinklasse.

Temperaturbereich der Zündkerze nicht korrekt

Unkontrollierte Explosionen deutet darauf hin, dass der Temperaturbereich zu heiß ist. Die Zündkerze wird praktisch zu einer Glühkerze und erhöht dadurch die Zylindertemperaturen. Installieren Sie den richtigen Temperaturbereich.

Unsauberes Luft-Benzin-Gemisch

Das wird dazu führen, dass die Zylinder zu heiß werden, was wiederum Frühzündungen verursacht. Dieses Ungleichgewicht kann von verstopften Düsen oder einer Luftundichtigkeit stammen.

Kolben klappern

Zylinder/Kolben-Spiel übermäßig hoch

Verursacht durch unsaubere Montage. Prüfen und überholen Sie die obersten Bauteile.

Pleuelstange verbogen

Verursacht durch Überdrehen oder durch einen Fremdkörper im Brennraum. Ersetzen Sie die beschädigten Teile.

Kolbenbolzen oder -bohrung verschlissen oder festgegangen durch fehlende Schmierung

Ersetzen Sie beschädigte Teile.

Kolbenring(e) verschlissen, gebrochen oder festgegangen

Überholen Sie das obere Ende.

Schaden durch Kolbenfresser

Normalerweise durch fehlende Schmierung oder Überhitzung. Ersetzen Sie die Kolben und lassen Sie die Zylinder ausbohren.

Viel Spiel des oberen und unteren Endes des Pleuels

Verursacht durch Verschleiß oder fehlende Schmierung.

Ventilgeräusch

Ventilspiel nicht korrekt

Justieren Sie das Spiel.

Ventilfeder gebrochen oder schwach

Prüfen und ersetzen Sie schwache Ventilfedern.

Nockenwelle oder Zylinderkopf verschlissen oder beschädigt

Fehlende Schmierung bei hohen Drehzahlen ist im allgemeinen die Ursache des Schadens. Nicht genügend Öl oder versäumte Ölwechsel zu den empfohlenen Abständen sind die Hauptgründe.

Andere Geräusche

Zylinderkopfdichtung undicht

Krümmer an der Verbindung zum Zylinderkopf undicht

Verursacht durch unsaubere Passung oder lockeren Auspuffflansch. Alle Auspuff-Befestigungen sollten gleichmäßig angezogen werden.

Übermäßiger Verschleiß der Kurbelwelle

Verursacht von einer verbogenen Kurbelwelle (durch Überdrehen) oder Beschädigung durch ein fehlerhaftes Bauteil im oberen Zylinder.

Lockere Befestigungsmuttern des Motors

Ziehen Sie alle Motormuttern an oder nach.

Verschlissene Kurbelwellenlager

Nockenwellen-Baugruppe defekt

Ungewöhnliches Kupplungsgeräusch

Spiel der äußeren Trommel zu den Reibungsscheiben

Locker oder beschädigte Kupplungsdruckplatte

Getriebegeräusche

Lager verschlissen
Beinhaltet auch die Möglichkeit, dass die Wellen verschlissen sind. Überholen Sie das Getriebe.

Zahnräder verschlissen

Metallspäne in Zahnrädern
Möglicherweise Stücke von einer zerbrochenen Kupplung, einem zerbrochenen Zahnrad oder Schaltmechanismus.

Motorölstand zu niedrig
Verursacht einen Schrei vom Getriebe. Beeinflusst auch Motorleistung und Kupplungsbetrieb.

Achsantriebsgeräusche

Kette nicht sauber justiert

Vorderes oder hinteres Kettenrad locker
Befestigungen anziehen.

Kettenrad verschlissen
Kettenräder erneuern.

Hinteres Kettenrad verzogen
Kettenrad erneuern.

Gummidämpfer in der Hinterradnabe verschlissen
Prüfen und erneuern.

Ungewöhnliche Geräusche vom Chassis

Niedriger Flüssigkeitspegel in der Gabel
Das kann wie Wasserspritzen klingen und wird im allgemeinen von irregulären Gabel-Bewegungen begleitet.

Feder schwach oder gebrochen
Macht ein klickendes oder kratzendes Geräusch. Das Gabelöl, falls es abgelassen wird, enthält eine Menge Metallteilchen.

Lenkerkopflager locker oder beschädigt
Macht "klick" beim Bremsen. Prüfen und justieren Sie.

Gabelbrücke locker
Stellen Sie sicher, dass Klemmschrauben mit dem vorgeschriebenen Drehmoment angezogen sind.

Gabelrohr verbogen
Gut möglich, wenn die Maschine gestürzt ist. Ersetzen Sie das Rohr.

Vorderachse oder Achsklemmschraube locker
Festziehen der Schrauben mit dem vorgeschriebenen Drehmoment.

Lockere oder verschlissene Radlager
Prüfen und ersetzen Sie, falls erforderlich.

Stoßdämpfergeräusch

Flüssigkeitspegel nicht korrekt
Deutet auf ein Leck hin, das durch eine defekte Dichtung verursacht wird. Ersetzen Sie den Dämpfer.

Defekter Stoßdämpfer mit interner Beschädigung
Der Schaden befindet sich im Inneren des Dämpfers und kann nicht geheilt werden. Der Dämpfer muss ersetzt werden.

Verbogener oder beschädigter Dämpferkörper
Ersetzen Sie den Dämpfer durch einen neuen.

Lockere Hebelei oder lockere Schwingen-Bauteile
Prüfen und ersetzen, falls erforderlich.

Bremsengeräusch

Quietschen verursacht durch fehlende oder nicht richtig positionierte Ausgleichscheibe für die Bremsbeläge

Quietschen verursacht durch Staub auf den Belägen
Kommt normalerweise nur bei verglasten Belägen vor. Reinigen mit Reinigungslösung für Bremsen.

Verunreinigung von Bremsbelägen
Öl, Bremsflüssigkeit oder Schmutz veranlassen die Bremse zum Klappern oder Quietschen. Reinigen oder Ersetzen Sie die Beläge.

Beläge verglast. Verursacht durch übermäßige Hitze von anhaltendem Gebrauch oder durch Verunreinigung
Man kann eine sehr feine Flachfeile verwenden, aber zur Heilung wird der Ersatz des Belags empfohlen.

Scheibe verzogen
Kann ein klapperndes oder periodisches Quietschen verursachen, begleitet von einem vibrierenden Bremshebel. Scheibe ersetzen.

Lockere oder verschlissene Radlager
Prüfen und ersetzen, falls erforderlich.

Öldruckanzeigeleuchte ist an
Motorschmierungssystem

Motorölpumpe defekt, verstopfter Ölfilter oder fehlerhaftes Überdruckventil
Führen Sie eine Öldruckprüfung durch nach Ihrem Handbuch.

Motorölstand niedrig
Prüfen Sie auf Undichtigkeiten, die den niedrigen Ölstand verursacht haben könnten und füllen Sie empfohlenes Öl auf.

Viskosität des Motoröls zu niedrig
Sehr altes, dünnes Öl oder ein ungeeignetes Öl wird im Motor verwendet. Wechseln Sie auf das richtige Öl.

Nockenwelle verschlissen
Übermäßiger Verschleiß verursacht einen Abfall des Öldrucks. Ersetzen Sie die Nockenwelle und/oder den Zylinderkopf. Ein übermäßiger Verschleiß kann durch Öldurst bei hoher Drehzahl und niedrigem Ölstand oder ungeeignetes Öl oder einen ungeeigneten Öl-Typ verursacht worden sein.

Kurbelwelle und/oder Kurbelwellenlager verschlissen
Die gleichen Probleme wie zuvor. Prüfen und ersetzen Sie Kurbelwelle und/oder Kurbelwellenlager.

Elektrisches System

Öldruckschalter defekt
Prüfen Sie den Schalter gemäß dem Verfahren in Ihrem Handbuch. Ersetzen Sie ihn, falls er defekt ist.

Schaltung der Öldruckanzeigeleuchte defekt
Prüfen Sie auf eingeklemmte, kurzgeschlossene, unterbrochene und beschädigte Verdrahtung.

Übermäßiger Rauch aus dem Auspuff

Weißer Rauch

Kolbenölring verschlissen
Der Ring kann gebrochen oder beschädigt sein, so dass Öl vom Kurbelwellengehäuse den Kolben entlang in den Brennraum gezogen wird. Ersetzen Sie die Ringe durch neue.

Zylinder verschlissen, gerissen oder rissig
Verursacht durch Überhitzung oder Ölmangel. Die Zylinder müssen aufgebohrt und neue Kolben müssen installiert werden.

Ventilöldichtung beschädigt oder verschlissen
Ersetzen Sie die Öldichtungen durch neue.

Ventilführung verschlissen
Lassen Sie eine vollständigen Ventilüberholung machen.

Motorölstand zu hoch, was dazu führt, dass Öl entlang der Ringe gedrückt wird
Lassen Sie Öl bis zum korrekten Pegel ab.

Kopfdichtung zwischen Ölrücklauf und Zylinder gebrochen
Führt dazu, dass Öl in die Brennkammer gezogen wird. Ersetzen Sie die Kopfdichtung und prüfen Sie, ob der Kopf verzogen ist.

Ungewöhnlich hoher Druck im Kurbelgehäuse, der Öl an den Ringen entlang treibt
Im allgemeinen ist die Entlüftung verstopft.

Schwarzer Rauch (Vergaser)

Hauptdüse zu groß oder locker
Vergleichen Sie die Düsengröße mit den Angaben im Handbuch.

Choke-Kabel oder -verbindungswelle klemmt

Benzinpegel zu hoch
Prüfen und justieren Sie die Schwimmerpegel, falls erforderlich.

Schwimmernadel außerhalb des Nadelsitzes
Reinigen Sie die Schwimmergehäuse und die Benzinleitung und ersetzen Sie die Nadeln und die Lager, falls erforderlich.

Schwarzer Rauch (Einspritzung)

Fehlfunktion des Benzineinspritzsystems

Schwarzer Rauch (alle Modelle)

Luftfilter verstopft

Brauner Rauch (Vergaser)

Hauptdüse zu klein oder verstopft
Zu mageres Gemisch wegen der falschen Größe der Hauptdüse oder durch eine eingeschränkte Öffnung. Reinigen Sie die Schwimmerkammern und Düsen und vergleichen Sie die Düsengröße mit den Angaben in Ihrem Handbuch.

Unzureichender Benzinfluss
Das Schwimmernadelventil bleibt geschlossen wegen einer chemischen Reaktion mit altem Benzin. Eingeschränkte Benzinzufuhr. Reinigen Sie die Leitung und die Schwimmerkammer und justieren Sie die Schwimmer, falls erforderlich.

Klemmen des Einlasskrümmers am Vergaser locker

Fehlerhafte Benzinpumpe

Brauner Rauch (Einspritzung)

Fehlfunktion des Benzineinspritzsystems
Fehlerhafte Benzinpumpe oder fehlerhafter Druckregler.

Brauner Rauch (alle Modelle)

Luftfilter ungenügend abgedichtet oder nicht eingesetzt

Schlechtes Handling oder schlechte Stabilität

Lenker lässt sich nur schwer drehen

Einstellschraube des Lenkerkopflagers zu fest
Prüfen Sie die Einstellung wie in Ihrem Handbuch beschrieben.

Lager beschädigt
Man fühlt eine gewisse Rauheit, wenn die Lenkstange von einer Seite zur anderen gedreht wird. Ersetzen Sie die Lager und Kugellager.

Kugellager angeknackst oder verschlissen
Falls ein Kugellager angeknackst ist, stammt das wahrscheinlich vom Verschleiß in nur einer Stellung (zum Beispiel geradeaus), von einem Zusammenstoß oder einer Fahrt durch ein Schlagloch oder von einem Sturz der Maschine. Ersetzen Sie die Kugellager und Lager. Die Schmierung der Lenksäule ist nicht ausreichend. Die Gründe dafür: Das Schmiermittel wird mit der Zeit hart oder ist von Hochdruck-Autowaschanlagen ausgewaschen worden.

Lenkkopf verbogen
Verursacht von einer Kollision, Fahrt durch ein Schlagloch oder von einem Sturz der Maschine. Ersetzen Sie das beschädigte Teil. Versuchen Sie nicht, die Lenksäule zu richten.

Luftdruck auf dem Vorderreifen zu niedrig

Lenker schüttelt oder vibriert übermäßig

Reifen verschlissen, laufen nicht rund und oder mit nicht korrektem Luftdruck

Schwingenlager verschlissen.
Ersetzen Sie verschlissene Lager.

Radfelge(n) verzogen oder beschädigt
Prüfen Sie die Räder auf Rundlauf.

Radlager verschlissen
Verschlissene Vorder- oder Hinterradlager können eine schlechte Spurhaltung verursachen. Verschlissene Vorderradlager werden flattern verursachen.

Klemmschrauben des Lenkers locker

Schrauben der Gabelbrücke locker
Ziehen Sie die Schrauben mit dem vorgeschriebenen Drehmoment in Ihrem Handbuch an.

Schrauben der Motorbefestigung locker
Führt zu übermäßigen Schwingungen bei erhöhter Motordrehzahl.

Lenker zieht einseitig

Rahmen verbogen
Nehmen Sie das als sicher an, wenn die Maschine gestürzt ist. Ersetzen Sie den Rahmen, falls er nicht sicher gerichtet werden kann.

Räder nicht ausgerichtet
Verursacht durch schlechte Einstellung der Kettenspanner oder durch eine verbogene Lenkachse oder durch einen verbogenen Rahmen.

Schwinge verbogen oder verdreht
Verursacht durch Altersschaden (Metallermüdung) oder Aufprallschaden. Ersetzen Sie die Schwinge.

Lenkkopf verbogen
Verursacht von einer Kollision, Fahrt durch ein Schlagloch oder von einem Sturz der Maschine. Ersetzen Sie das beschädigte Teil. Versuchen Sie nicht, den Lenkkopf zu richten.

Gabelrohr verbogen
Zerlegen Sie die Gabeln und ersetzen die beschädigten Teile.

Ölstand in den Gabeln ungleichmäßig
Prüfen Sie und füllen auf oder lassen ab, falls erforderlich.

Schlechte Stoßdämpfer-Qualität

Zu hart

zu viel Öl in der Gabel.

Viskosität des Gabelöls zu hoch. Verwenden Sie dünneres Öl (vergleichen Sie die Angaben in Ihrem Handbuch).

Gabelrohr verbogen, Verursacht ein raues, klemmendes Gefühl.

Dämpferachse oder -gehäuse verbogen oder beschädigt.

Interne Beschädigung der Gabel.

Interne Beschädigung des Dämpfers.

Reifendruck zu hoch.

Einstellung nicht korrekt.

Zu weich

nicht genug Gabel- oder Dämpferöl oder Undichtigkeit.

Gabelölstand zu niedrig.

Viskosität des Gabelöls zu niedrig.

Gabelfedern schwach oder gebrochen.

Interne Beschädigung des Dämpfers oder Undichtigkeit.

Einstellung nicht korrekt.

Bremsprobleme

Bremsen sind schwammig, die Leistung fehlt

Luft in der Bremsleitung

Verursacht durch Unachtsamkeit beim Flüssigkeitsstand im Hauptzylinder oder durch Undichtigkeit. Spüren Sie das Problem auf und die Bremsen entlüften. Kabelproblem bei Trommelbremsen.

Bremsbelag oder Scheibe verschlissen

Bremsflüssigkeit tritt aus

Verschmutzte Beläge

Verursacht durch Verunreinigung mit Öl, Schmutz, Bremsflüssigkeit usw. Reinigen oder ersetzen.

Bremsflüssigkeit alt

Flüssigkeit ist alt oder verunreinigt. Legen Sie das System trocken, füllen neue Flüssigkeit auf und entlüften das System.

Interne Teile des Hauptbremszylinders verschlissen oder beschädigt, so dass Flüssigkeit austritt

Bohrung des Hauptbremszylinders von fremdem Material zerkratzt oder gebrochene Feder

Reparieren oder ersetzen Sie den Hauptbremszylinder.

Scheibe verzogen / Trommel unrund

Scheibe / Trommel ersetzen.

Bremshebel oder -pedal vibriert

Scheibe verzogen / Trommel unrund

Scheibe / Trommel ersetzen.

Achse/Spindel verbogen

Achse ersetzen.

Schrauben der Bremszangen locker

Bremszangen beschädigt

Ersetzen Sie die Bremszangen,falls korrodiert oder beschädigt.

Rad verzogen oder auf andere Weise beschädigt

Radlager beschädigt oder verschlissen

Bremsen ziehen einseitig

Kolben des Hauptbremszylinders sitzt fest

Verursacht durch Verschleiß oder Beschädigung des Kolbens oder der Zylinderbohrung. Nicht korrekte Einstellung bei Trommelbremsen.

Hebel schwergängig oder klemmt

Llager prüfen und schmieren.

Bremszange klemmt auf Träger (hintere Bremszange)

Verursacht durch ungenügende Schmierung oder Beschädigung der Bremszangen-Gleitstücke.

Kolben der Bremszange sitzt in der Bohrung fest

Verursacht durch Verschleiß oder Aufnahme von Schmutz entlang einer sich verschlechternden Dichtung.

Bremsbelag / -schuh beschädigt

Belag/Schuh-Material hat sich von der Rückplatte abgelöst. Im allgemeinen verursacht durch Fehler im Herstellungsverfahren oder durch Kontakt mit Chemikalien. Ersetzen.

Beläge schlecht installiert

Elektrikprobleme

Batterie leer oder schwach

Fehlerhafte Batterie (Akku)

Verursacht durch verschwefelte Platten, die durch Sedimentierung kurzgeschlossen werden. Eine gebrochene Batterieanschlussklemme kann nur gelegentlich Kontakt herstellen.

Batteriekabel stellen schlechten Kontakt her

Übermäßige Belastung

Verursacht durch die Addition hoch-"wattiger" Leuchten oder elektrisches Zubehör.

(Haupt-)Zündschalter defekt

Schalter schließt intern kurz (nach Masse bzw. Erde) oder schaltet das System nicht aus.

Regler / Gleichrichter defekt

Lichtmaschinen-Statorspule offen oder kurzgeschlossen

Verdrahtung fehlerhaft

Verdrahtung kurzgeschlossen (nach Masse bzw. Erde) oder Verbindungen in Zündungs-, Aufladungs- oder Beleuchtungs-Schaltkreisen locker.

Batterie überladen

Regler / Gleichrichter defekt

Überladung wird durch extreme Erwärmung der Batterie bemerkt.

Batterie defekt

Ersetzen Sie die Batterie durch eine neue.

Stromstärke der Batterie zu niedrig, Batterie vom falschen Typ oder von falscher Größe

Installieren Sie die vom Hersteller angegebene Batterie (Ah), damit die Belastung durch Aufladung stimmt.